建筑工人实用操作技巧丛书

电工操作技巧

主　　编：姜　敏
副 主 编：戚耀奇
编写人员：姜　敏
　　　　　戚耀奇
　　　　　程史杨

中国建筑工业出版社

图书在版编目（CIP）数据

电工操作技巧 / 姜敏主编．—北京：中国建筑工业出版社，2003
（建筑工人实用操作技巧丛书）
ISBN 7－112－05749－3

Ⅰ．电...　Ⅱ．姜...　Ⅲ．电工技术　Ⅳ．TM

中国版本图书馆 CIP 数据核字（2003）第 022308 号

建筑工人实用操作技巧丛书
电工操作技巧
主　编：姜　敏
副主编：戚耀奇
编写人员：姜　敏　戚耀奇　程史杨
*
中国建筑工业出版社出版、发行（北京西郊百万庄）
新　华　书　店　经　销
北京市彩桥印刷厂印刷
*
开本：850×1168 毫米　1/32　印张：7½　字数：198 千字
2003 年 6 月第一版　2005 年 5 月第三次印刷
印数：6 001—7 500 册　定价：**15.00** 元
ISBN 7-112-05749-3
TU·5048（11388）

本社网址：http://www.china-abp.com.cn
网上书店：http://www.china-building.com.cn

本书是“建筑工人实用操作技巧丛书”之一。内容包括：电工基本知识，施工用电安全技术和标准，现场配电，工地照明，接地和防雷，触电事故和急救，以及电工仪表的使用和维修。

本书所述内容比较简练，并辅以必要插图，比较通俗，适宜施工现场建筑电工阅读。

* * *

责任编辑　袁孝敏

出 版 说 明

当前正是工程建设事业蓬勃发展的时期，为了满足广大读者的需要，并结合施工企业年轻工人多，普遍文化水平不高的特点，我社特组织出版了“建筑工人实用操作技巧丛书”。这套丛书是专为那些文化水平不高，但又有求知欲望的普通技术工人而编写。其特点是按实际工种分册编写，重点介绍操作技巧，使年轻工人阅读后能很快掌握操作要领，早日成为合格的技术工人；在叙述语言上力求通俗易懂，少讲理论，多介绍具体做法，强调实用性且图文并茂，让读者看得进去。

希望这套丛书问世以后，能帮助广大年轻工人解决工作中的疑难问题，提高技术水平和实际工作能力。为此，我们热诚欢迎广大读者对书中的不足之处批评指正。

中国建筑工业出版社

2003 年 3 月

目　录

1 概　述

1.1 有关电的基本概念

一、电的基础知识

在现代工业、农业以及国民经济的其他部门中，电能的应用愈来愈广泛。电气工人每天都要和“电”打交道，应该对“电”有一个基本的了解。要通过长期的实践和学习去掌握电的基本知识和基本规律。

自然界存在着两种性质不同的电荷，一种叫正电荷（或称阳电，以“+”号表示），另一种叫负电荷（或称阴电，以“-”号表示）。正、负电荷是物质，它既不能被创造，也不能被消灭，只能从一个物体转移到另一物体。

自然界一切物质（气体、液体、固体）都是由分子组成，分子又由原子组成，原子再由一个带正电荷的原子核和若干带负电荷的电子所组成。电子有规则地分层分布在原子核的周围，并且不停地一面自转，一面受原子核的吸引绕着原子核旋转（图 1-1）。带电体所带电荷的数量叫做电量，现在知道自然界中最小的电量是电子的电量。在实用单位制中，电量的单位叫做库仑，简称库，它等于 625 亿亿个电子所带的电量。当

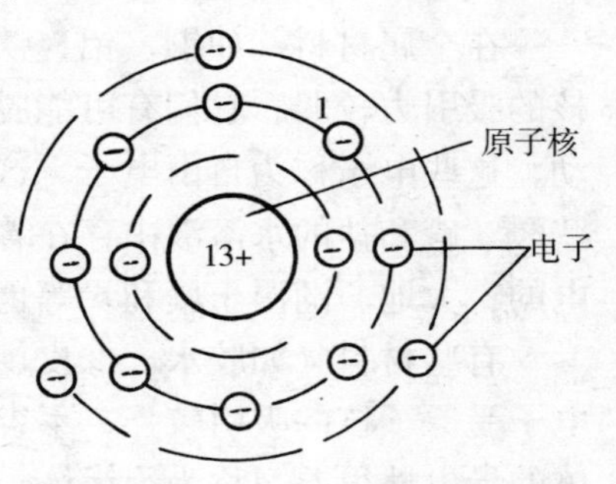

图 1-1　具有 13 个核外电子的铝原子的结构示意图结构

各层电子的总电量同原子核的电量相等时，则对整个原子来说便呈现中性，也就是说，它不显现出带电状态。当原子失去一个或几个电子时，就显现出带正电；反之，当原子获得额外的电子时，便显现出带负电。

在不断的实践中，发现有许多方法能把原子中的正、负电荷分开来，从而使物体显现出带电的状态。例如：

(1) 摩擦生电。用丝绸摩擦玻璃棒或用呢绒摩擦胶木棒，我们发现玻璃棒和胶木棒就能够吸引细小的纸片，说明它们带了电荷。我们把玻璃棒上的电荷称为正电荷，胶木棒上的电荷称为负电荷。

(2) 光电效应。光线射到某些金属表面时，会使金属发射出电子，形成电流，太阳能发电就是一个例子。

(3) 热电效应。把金属加热可以增加自由电子的运动速度，使电子从金属表面发射出来。

(4) 化学反应。酸、碱、盐类物质溶于水中产生电离现象，产生电流，如干电池和酸、碱蓄电池等。

(5) 静电感应和电磁感应可使某些物体呈现带电状态，自然界的雷电现象和发电机等都是具体的例子。

在金属材料（如铜、铝、铁）的原子中，其外层电子受原子核的吸引力较弱，它们有可能脱离原子核的吸引在金属中自由运动，这些电子称为自由电子，这类物体容易导电，称为导体。一些酸、碱和盐的水溶液中存在着自由移动的正负离子，它们是导电的；大地、潮湿土壤和炭等也都是导电的。

有些材料（如胶水、橡皮、有机玻璃和塑料等）其原子中的电子受原子核的吸引较强，不容易脱离原子而自由运动，这类物体的导电性很差，称为绝缘体。

再如锗、硅、硒和氧化铜等材料，它们的导电性能介于绝缘体和导体之间，并且随外界条件（如加热等）的改变使其导电性能有显著的变化，这类物体称为半导体。

总之“电”是物质运动的一种形式，要揭示电的本质和物质的本质，就必须从物质内部，也就是从物质的原子结构，才能够掌握电的基本知识和基本规律。

二、电流、电压、电阻和欧姆定律

1. 电流

电荷有规则的定向运动，就形成了电流，人们习惯规定以正电荷运动的方向作为电流的方向。所以在 AB 导线中，电子运动的方向是由 A 向 B，电流的方向则是由 B 到 A（图 1-2）。

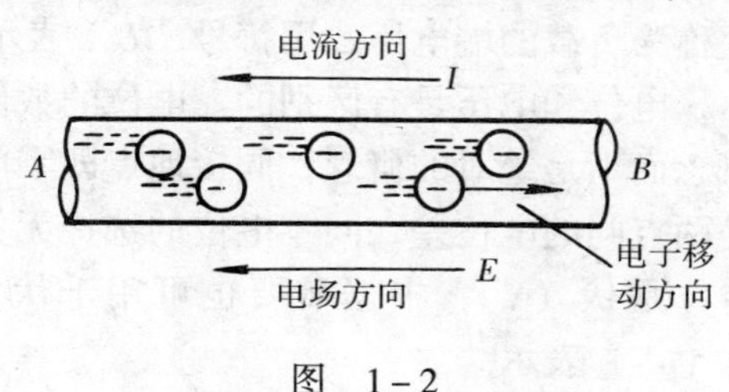

图 1-2

我们用每秒钟通过导线某一截面的电荷量（电量）的多少来衡量电流的强弱，称为电流强度（简称电流），用符号 I 来表示。如果用符号 Q 表示通过导线的电量，t 表示通过电量 Q 所用的时间，则得：

$$I=\frac{Q}{t}$$

式中 电流（I）的单位是安培（简称安），用 A 表示；电量（Q）的单位是库仑，用 C 表示；时间（t）的单位是秒。

所以，如果每秒钟通过导线 5 库仑（C）电量，电流就是 5 安（A）；如果 10 秒钟（s）通过 100 库仑（C），电流就是 10 安（A）。

根据需要，电流单位也可用千安（kA）、毫安（mA）或微安（μA）。$1kA=10^3A$，$1mA=10^{-3}A$，$1\mu A=10^{-6}A$。

2. 电位和电位差（电压）

水流是由高处流向低处。高处水位高，低处水位低，它们之间存在水位差，使水流动，形成水流。同样情况，带电物体也具有电位。电位和水位的意义相似，正电荷从高电位移向低电位。我们通常把大地的电位作为零电位，当物体带有正电位时，它的电位就比大地高，当这物体接触大地时，正电荷就从物体流入大地。当物体带有负电荷时，它的电位就比大地低，当这物体接触大地时，大地的正电荷就流到物体上来抵消负电荷，所以当导体和大地直接接触时，就和大地同电位。

电路中任意两点之间的电位差称为两点间的电压，负载两端存在的电位差称为负载的端电压，用符号“U”表示。

应当指出，电位和电压是有区别的。电位的数值和高度一样是个相对的概念而不是绝对的概念，同接地点即零电位的选择有关。电压则是两点间的电位差，同零电位的选择无关。

电压的单位是伏（V），根据需要也可用千伏（kV）、毫伏（mV）或微伏（μV）表示。

在下面两个电路中，接地点不同。经分析后，可以知道两个电路中 A、B 点的电位同接地点的选择有关，A、B 点间的电压同接地点的选择无关（图 1－3）。

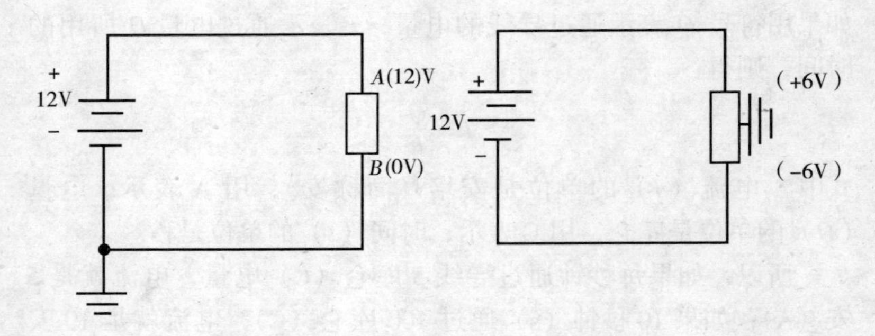

图 1－3

$U_{AB} = 12 - 0 = 12V$　　$U_{AB} = 6 - (-6) = 12V$

3. 电阻和电阻率

导体具有传导电流的能力，但在传导电流的同时又有阻碍电流通过的作用，这种阻碍作用，称为导体的电阻，用字母 R 或 r

表示，单位是欧姆，通常用符号 Ω 表示。

不同的金属导体具有不同的电阻，同一种导体的电阻与导体的长度（l）成正比，与导体的横截面积（S）成反比，可用下列表示：

$$R = P \times \frac{l}{S}$$

式中 P 称为导体的电阻率，表示某种物质制成长 1m，截面积 S $1mm^2$ 所具有的电阻。不同的导体，P 的大小不同（例如：P 铜 $= 0.0175\Omega \cdot mm^2/m$，$P$ 铝 $= 0.029\Omega \cdot mm^2/m$）。同一导体，$P$ 的大小又同温度有关。式中 l 的单位是米（m），S 的单位是平方毫米（mm^2）。

【例 1】 有一根 100m 长、$35mm^2$ 截面的铜导线，问它的电阻值是多少？

【解】 已知 $l = 100m$，$S = 35mm^2$，$P = 0.0175\Omega \cdot mm^2/m$

把这些数据代入公式

得　$R = 0.05\Omega$

答：该导线的电阻值等于 0.05Ω。

【例 2】 若用直径为 2mm 的锰铜丝绕制一只 1.46Ω 电阻，问需用锰铜丝多少米？（已知锰铜丝的 $P = 0.42\Omega \cdot mm^2/m$）。

【解】 已知 $P = 0.42\Omega \cdot mm^2/m$，$R = 1.46\Omega$，$D = 2mm$。

则：$S = \frac{\pi D^2}{4} = \frac{\pi \cdot 2^2}{4} = 3.14mm^2$

$$\because R = P\frac{l}{S} \qquad \therefore l = \frac{RS}{P} = \frac{1.46 \times 3.14}{0.42} = 10.88m$$

答：需用锰铜丝 10.88m。

电阻率的单位，对金属导体等用欧·平方毫米/米（$\Omega \cdot mm^2/m$），对土壤电阻率，则多用欧·米（$\Omega \cdot m$），即欧·平方米/米（$\Omega \cdot m^2/m$）。

4. 欧姆定律

在电路中，电流的大小与电阻两端电压的高低成正比，而与电阻大小成反比，以公式表示如下：

$$I\text{（安）}=\frac{U\text{（伏）}}{R\text{（欧）}}$$

以此，欧姆定律还可用下列方式表示之：

$$U\text{（伏）}=I\text{（安）}\times R\text{（欧）}$$

$$R\text{（欧）}=\frac{U\text{（伏）}}{I\text{（安）}}$$

在电路中，如果导线断裂或电路打开，称为开路，电流 I 等于零。如果两根导线相碰，称为短路，电流 I 就变得很大，出现很大的短路电流。

【例 3】设在手电筒电路中，通过电珠的电流为 250mA，电珠两端的电压为 3V，求电珠的电阻。

【解】已知 $U=3\text{V}$，$I=250\text{mA}=0.25\text{A}$

$$R=\frac{U}{I}=\frac{3}{0.25}=12\Omega$$

答：电珠的电阻是 12Ω。

【例 4】有一台单相电动机，用两根导线与电源相连接；已知电源电压是 240V，每根导线的电阻是 0.58Ω（见图 1-4），当电路中流过的电流是 20A 时，问电动机的端电压是多少？

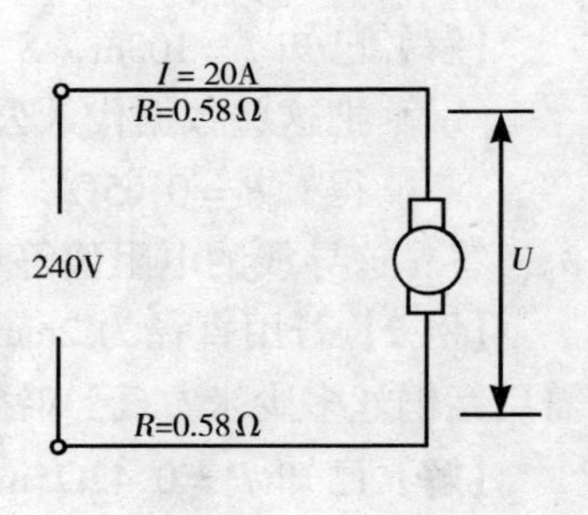

图 1-4

【解】线路电压降 $=2\times I\times R$

$$=2\times 20\times 0.58$$

$$=23.2\text{V}$$

电动机端电压 $U=240-23.2$

$$=216.8\text{V}$$

答：电动机的端电压是 216.8V。

5. 电阻的串联和并联

(1) 串联（见图 1-5）：

$U=U_1+U_2=IR_1+IR_2=I\ (R_1+R_2)$

等效电阻 $R=R_1+R_2$

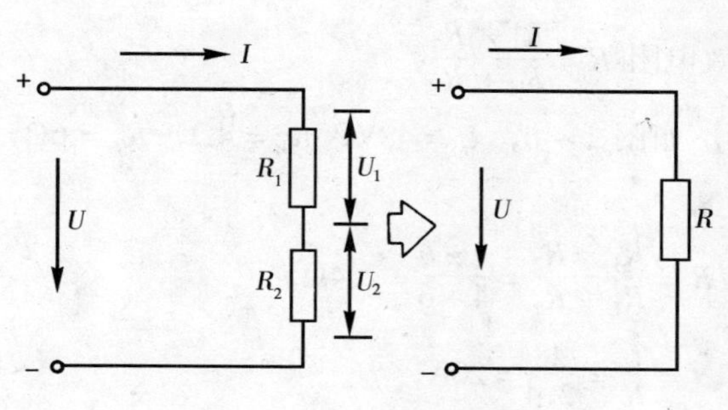

图 1－5　串联

$$I=\frac{U}{R}=\frac{U}{R_1+R_2}$$

【例 5】如图 1－5，$U=220\text{V}$，$R_1=5\Omega$，$R_1=6\Omega$，求 I，U_1 及 U_2。

【解】$I=\frac{U}{R_1+R_2}=\frac{220}{5+6}=\frac{220}{11}=20\text{A}$

$U_1=IR_1=20\times5=100\text{V}$

$U_2=IR_2=20\times6=120\text{V}$

（2）并联（见图 1－6）：

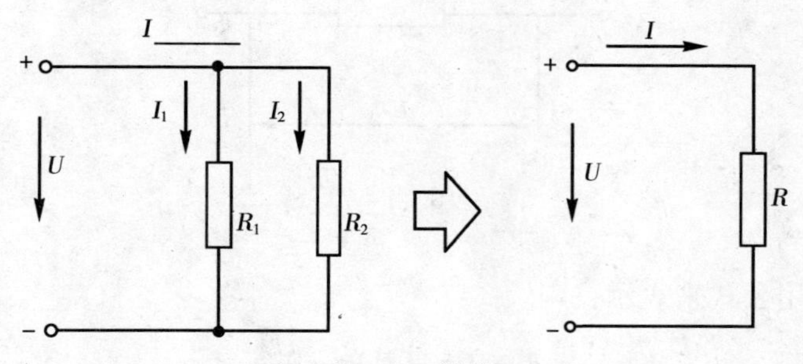

图 1－6　并联

$$I=I_1+I_2=\frac{U}{R_1}+\frac{U}{R_2}=U\left(\frac{1}{R_1}+\frac{1}{R_2}\right)$$

$$I=\frac{U}{R}=U\left(\frac{1}{R_1}+\frac{1}{R_2}\right)$$

$\therefore$等效电阻 $R=\dfrac{R_1\times R_2}{R_1+R_2}$

【例6】 如图1－6，$U=48\text{V}$，$R_1=4\Omega$，$R_2=6\Omega$，求 I，I_1 和 I_2。

【解】 $R=\dfrac{R_1\times R_2}{R_1+R_2}=\dfrac{4\times6}{4+6}=2.4\Omega$

$$I=\frac{U}{R}=\frac{48}{2.4}=20\text{A},$$

$$I_1=\frac{U}{R}=\frac{48}{4}=12\text{A},$$

$$I_2=\frac{U}{R}=\frac{48}{6}=8\text{A}。$$

三、电功（电能）和电功率

1. 电功

电流通过电灯会发光，电流通过电动机会带动机器转动，这些电能量的传递和转换都显示着电流做了功。

电流通过负载 R 所作的电功（W），同电路中加在负载两端的电压 U，通过负载的电流 I 和时间 t 成正比（图1－7）。

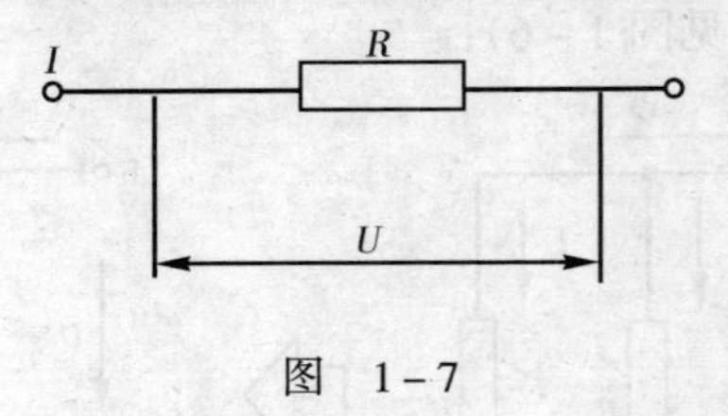

图 1－7

用公式来表示：

$$W=UIt=I^2Rt=\frac{U^2}{R}t$$

式中 电功（W）的单位是焦耳（J）或瓦秒（W·s）；

电压（U）的单位是V；

电流（I）的单位是A；

时间（t）的单位是s；

1 焦耳（J）＝1 伏安秒（VA·s）＝1 瓦秒（W·s）

工程上常用千瓦小时（kW·h）作为计算电功的实用单位，经常所说的 1 度电就等于 1kW·h，也就是 1kW 的电功率在 1h 内所做的功。电功也叫电能。

2. 电功率

电功率是电源在单位时间内所输送的电功（电能量），也是负载在单位时间内所消耗的电功（电能量）。

在直流电路中，电功率的单位是 W 或 kW。

电源发出的电功率 $P = EI$

负载消耗的电功率 $P = UI = I^2 R = \frac{U^2}{R}$

在交流电路中，电流的一部分用于供电设备作功，称为有功电流（$I_A \cos\phi$）；另一部分用于产生电路中的交变磁场，称为无功电流（$I_A \sin\phi$），见图 1－8。

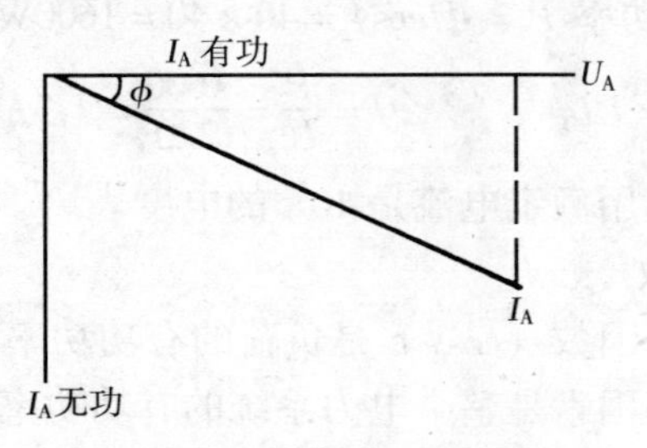

图 1－8

有功功率等于电压和有功电流的乘积，单位是 W、kW。

无功功率等于电压和无功电流的乘积，单位是 W、kW；它并不表示能量的消耗或输出，只表示电流同电感中的磁场或电容中的电场之间有连续的能量交换。

在交流三相对称电路中：

三相有功功率 $P = \sqrt{3} U_{线} I_{线} \cos\phi$

三相无功功率 $Q = \sqrt{3} U_{线} I_{线} \sin\phi$

三相视在功率 $S=\sqrt{P^2+Q^2}=\sqrt{3}U_{线}I_{线}$

工程中常用千瓦（kW）作为有功功率的单位。

1kW = 1000W

1 千瓦 = 1.36 公制马力 = 1.34 英制马力

1 英制马力 = 0.736kW

1 公制马力 = 0.746kW

【例 7】 有一台直流电动机，端电压是 550V，通过电动机线圈的电流是 2.73A，试求电动机运行 3h 所消耗的电能？

【解】 $W=UIt=550\times2.73\times3=4500\text{W}\cdot\text{h}$

$=4.5\text{kW}\cdot\text{h}=4.5$ 度

答：电动机运行 3 小时所消耗的电能是 4.5 度。

【例 8】 某一职工宿舍装有 40 只 40W 的电灯，电压是 220V，问需要选用多少安培的电度表？

【解】 总的功率 $P=IU\cos\phi=40\times40=1600\text{W}$

$$\because P=UI,\qquad \therefore I=\frac{P}{U}=\frac{1600}{220}=7.3\text{A}$$

答：可以选用额定电流是 10A 的电度表。

3. 功率因数

负载的功率因数（$\cos\phi$）是负荷的有功功率和视在功率的比值，系统的功率因素是整个电力系统的有功功率和总的视在功率的比值。

$$\frac{P}{S}=\cos\phi$$

异步电动机的功率因数比较低，一般在 0.7～0.85 左右。在低负载时，消耗的有功功率减少，但所需的无功功率不变，其功率因数甚至可能低于 0.5。

功率因数过低使发变电设备的容量不能充分利用。在线路上将引起较大的电压降落和功率损失，造成电能的浪费。

四、直流、交流、单相交流和三相交流

电流分为直流电和交流电两种。直流电是指大小和方向始终

保持不变的电流；交流电是指大小和方向随时间作规律变化的电流。从示波器中去观察直流电和交流电的波形变化，见图 1－9。

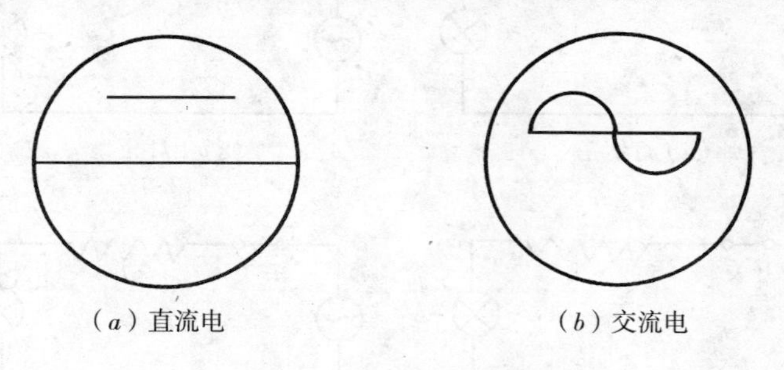

（a）直流电　　（b）交流电

图 1－9　直流电和交流电的示波图

手电筒、蓄电池、电车和电解槽的用电都属直流电。干电池、酸碱蓄电池、直流发电机、汞弧整流器、硒整流器、电子管和晶体两极管都是供给弱直流电的电源。

由于交流电的大小、方向都在不断地变化，在直流电路中不能表现出来的许多特性，特别像电磁感应现象，在交流电的变化过程中就充分地表现出来，从而使电能获得更广泛的应用。变压器、异步电动机以及现代无线电子技术都是基于这些变化特性的应用。

由于交流电路中电流是交变的，因而研究交流电路要比研究直流电路复杂得多。在图 1－10 中，当电灯和电容串接加上直流电流时，电灯不亮（a），而加上交流电源时电灯即亮（b），当电灯和电感串联加上直流电源时，灯亮（c），而加上交流电源时，灯较暗（d）。

经过一周所需的时间称为周期，用字母 T 表示，它的单位是秒。1 秒钟内变化的周数称为频率，用字母 f 表示，它的单位是赫（Hz）或周/秒。

$$T=\frac{1}{f}\quad 或\quad f=\frac{1}{T}$$

我国电力工业的频率是 50Hz 或每秒 50 周波。

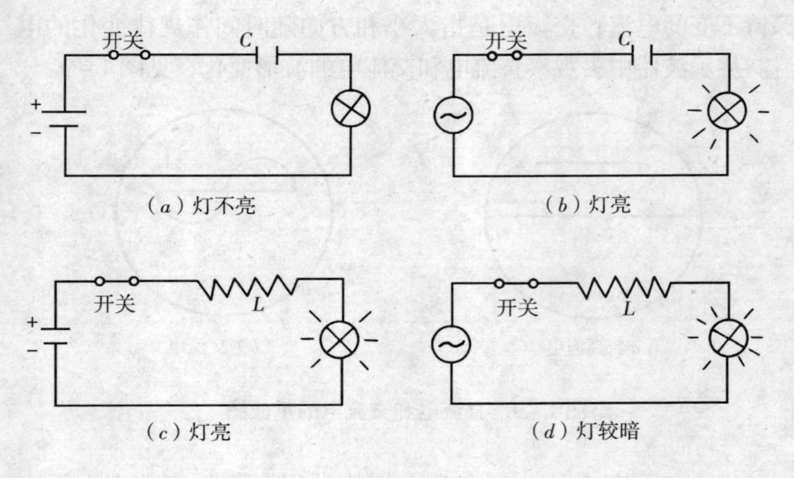

（*a*）灯不亮
（*b*）灯亮
（*c*）灯亮
（*d*）灯较暗

图 1-10

一个线圈在有一对磁极的定子间旋转一周，感应电动势完成一个循环。如果发电机定子有 P 对磁级，线圈在定子间每分钟旋转 n 转，则感应电动势每秒钟的循环次数（即频率）与 P、n 成正比，即

$$f = P \times \frac{n}{60}$$

如有两对磁极（$P = 2$）即有四个磁级的发电机，要发出频率 50Hz（$f = 50$）的电动势，发电机的转速必须是

$$n = \frac{60 \cdot f}{P} = \frac{60 \times 50}{2} = 1500 \text{ 转/分（r/min）}$$

1.2 三相交流电路

在正弦交流电路中，由三个对称的正弦交流电源联合供电的电路称为三相交流电路，简称三相电路。与三相电路相对应。由一个正弦交流电源单独供电的电路则称为单相交流电路，简称单相电路。

一、三相电源

所谓三个对称的正弦交流电源是指的这样一组电源；三个电源的电动势同频、等幅、初相位依次相差120°。这样的一组电源又称为对称三相电源（图1－11）。

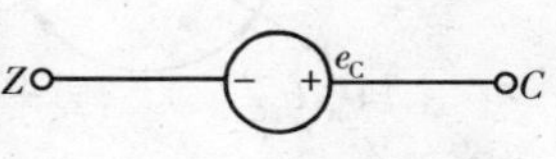

图1－11　对称三相电源

对称三相电源通常是做在一个统一的发电机里，这样的发电机称为三相发电机。

三相电源联合供电的连接方式通常有两种：三角形连接（△接法）和星形连接（Y接法），如图1－12所示。

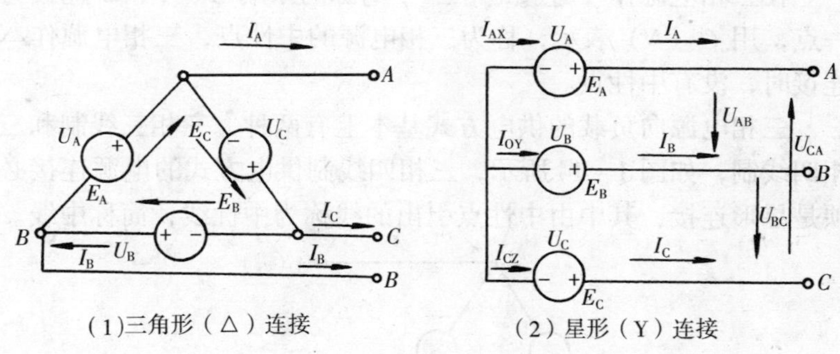

（1）三角形（△）连接　　（2）星形（Y）连接

图1－12　三相电源的连接

三相电源中，每相电源的电动势称为相电动势，每相电源两端的电压称为相电压（U_{XA}）；每相电源的引出电源线称为相线或火线，每两条相线之间的电压称为线电压（U_X）；每相电源中流过的电流称为相电流（I_{XA}），每条相线中流过的电流称为线电流（I_X）。

不难看出，当三相电源作△连接时，有

$$U_A = U_{AB},\ U_B = U_{BC},\ U_C = U_{CA}$$

而当三相电源作Y连接时，有

$$I_A = I_{AX},\ I_B = I_{BY},\ I_C = I_{CZ}$$

在三相电源中的电流和端电压对称的情况下，上述关系用相量图表示如图 1 – 13 所示。

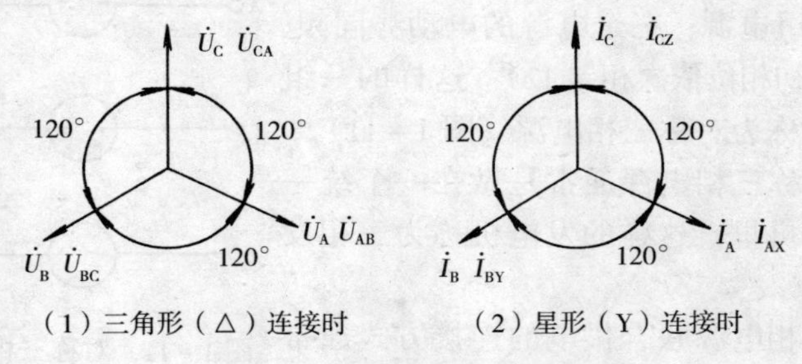

（1）三角形（△）连接时　　（2）星形（Y）连接时

图 1 – 13　三相电源的相量图

在三相电源作 Y 连接时，三个电源的末端 X、Y、Z 连接为一点，用 O（N）表示，称为三相电源的中性点，三相电源作△连接时，没有中性点。

三相电源向负载的供电方式基本上有两种，三相三线制和三相四线制，如图 1 – 14 所示，三相四线制供电方式的电源连接必须是星形连接，其中由中性点引出的线称为中性线，简称中线。

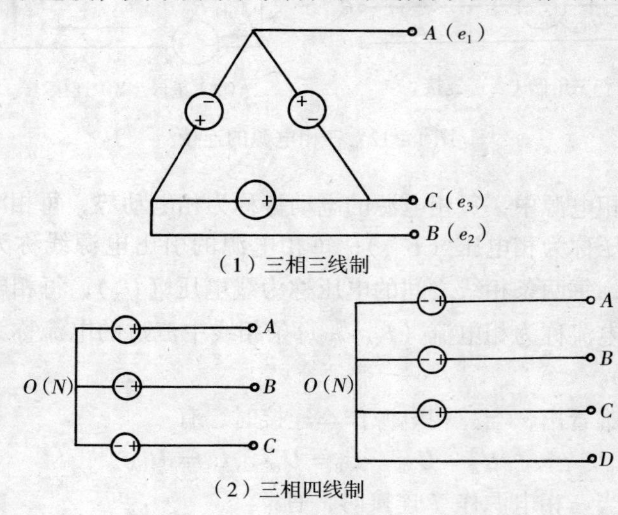

（1）三相三线制

（2）三相四线制

图 1 – 14　三相电源的供电方式

二、三相负载

在由三相电源供电的电路中，负载通常也采用与三相电源相类似的连接方式，组成一个统一负载，称为三相负载。在一般情况下，三相负载各相阻抗相同，即 $Z_A = Z_B = Z_C$，称为对称三相负载；反之，称为不对称三相负载。由对称三相电源和对称三相负载所组成的三相电路，称为对称三相电路。

三相负载的连接方式基本上也有两种：星形（Y）连接和三角形（△）连接。

三相负载的星形（Y）连接方式如图 1－15 所示。这种负载可有两种供电方式；三相三线制和三相四线制。在电源和负载对称的情况下，它的电压、电流相量见图 1－16。

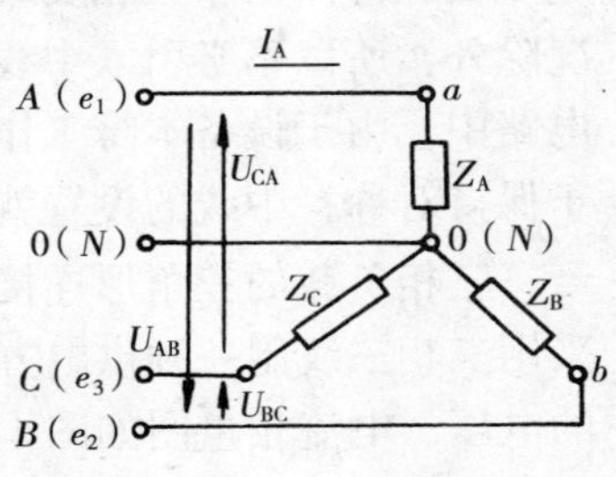

图 1－15　三相负载的 Y 连接

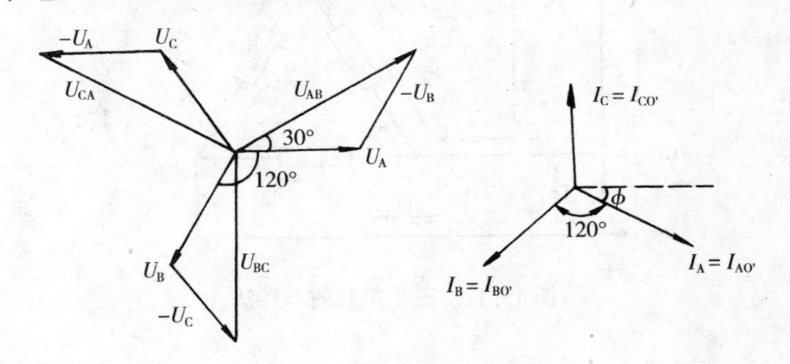

图 1－16　对称星形（Y）负载的电压、电流相量图

从图 1－16 可以看出，在电源对称和负载为对称星形（Y）连接的对称三相电路中，电压、电流具有下述关系：概括起来说，即线电压（U_X）在数值上等于相电压（U_{XA}）的$\sqrt{3}$倍。如低压系统线电压为 380V，相电压为 220V，$380 = \sqrt{3} \cdot 220$，就是这个道理。线电压（U_X）在相位上超前对应相电压（U_{XA}）相位 30°，

而线电流（I_X）和相电流（I_{XA}）则是完全相等，由此可知，在由对称三相电源和对称星形（Y）负载组成的对称三相电路中，中线 OO'中的电流等于零，即

$$I_{OO'}=I_{AO'}+I_{BO'}+I_{CO'}=0$$

此时，中线可以省图，例如某些三相交流电动机负载，三相电炉负载等。由于三相负载已构成一个对称的星形整体（故障情况除外）所以不必引入中线。但是在某些由单相设备组成的三相电路中，由于设备本身工作电路的需要和三相星形（Y）负载难于保持对称，中线的设置就是必须的，此时中线电流 $I_{OO'}\neq 0$。

三相负载的三角形连接方式如图 1－17 所示，这种负载只能采用三相三线制一种供电方式。在电源和负载对称的情况下，它的电压、电流相量图如图 1－18 所示。

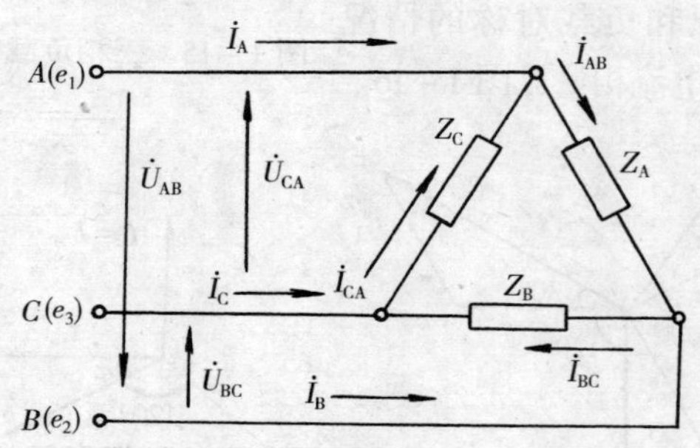

图 1－17　三相负载的△接法

从图 1－17 可以看出，在电源对称和负载为对称三角形（△）连接的对称三相电路中，电压、电流具有下述关系：

$$I_C=\sqrt{3}I_{CA}\angle-30°$$

或

$$I_X=\sqrt{3}I_{XA}\angle 30°$$

概括起来说，即线电流（I_X）在数值上等于相电流（I_{XN}）的$\sqrt{3}$倍，线电流（I_X）在相位上滞后对应相相电流（I_{XA}）相位 30°，而线电压（U_X）和相电压（U_{XN}）则是完全相等。

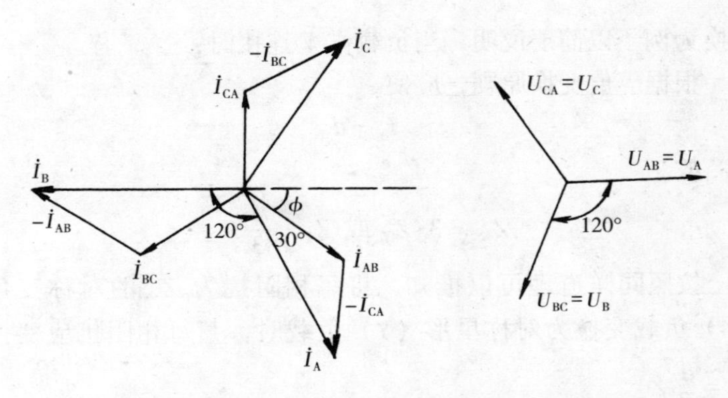

图 1－18　对称三角形（△）负载的电压、电流相量图

三、三相电路的计算

根据上述分析，对称三相电路的电压、电流也是对称的。因此，只需计算其中一相的电压、电流，便可推知其余各相的电压、电流。另外，在计算对称三相电路中，常常遇到一部分负载作星形（Y）连接，另一部分负载作三角形（△）连接。为便于分析、计算，通常接全部负载或者统一变换为三角形（△）连接。但是在变换时必须保持电路的总电压和总电流不变，即所谓等值变换。

根据上述对称负载作 Y—△等值变换的原则，将每相阻抗为 Z_Y 的对称星形（Y）负载变换为对称三角形（△）负载时，其每相阻抗应变换为 $Z_A=3Z_Y$，如图 1－19 所示，现以 A 相阻抗

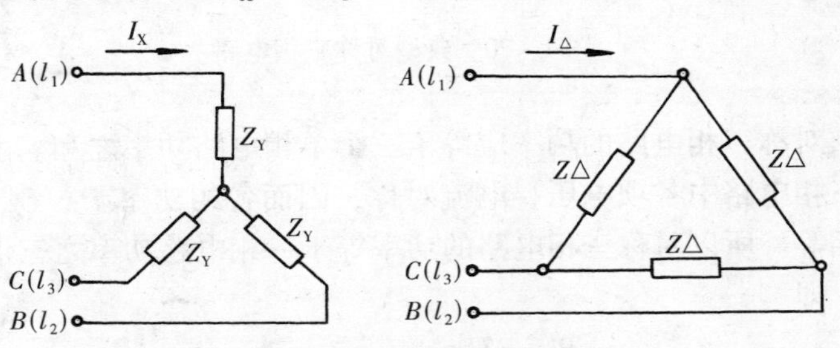

图 1－19　对称三相负载的 Y→△变换

变换为例予以简要说明，当负载作 Y 连接时：

根据等值变换原则，应使

$$I_Y = I_\triangle$$

故

$$Z_\triangle = 3 \cdot Z_Y \text{ 或 } Z_Y = \frac{1}{3} Z_\triangle$$

按照同样道理可以推知，将每相阻抗为 $Z_\triangle$ 的对称三角形（△）负载变换为对称星形（Y）负载时，其每相阻抗应变换为 $Z_Y = \frac{1}{3} Z_\triangle$

图 1－20 是一个典型的对称三相电路，其等值星形 Y 电路如图 1－15 所示，其三相计算电路如图 1－16 所示，在分析计算时，先按一相计算电路进行分析、计算，然后，按照对称关系和变换关系推算其余各相各支路电流、电压。

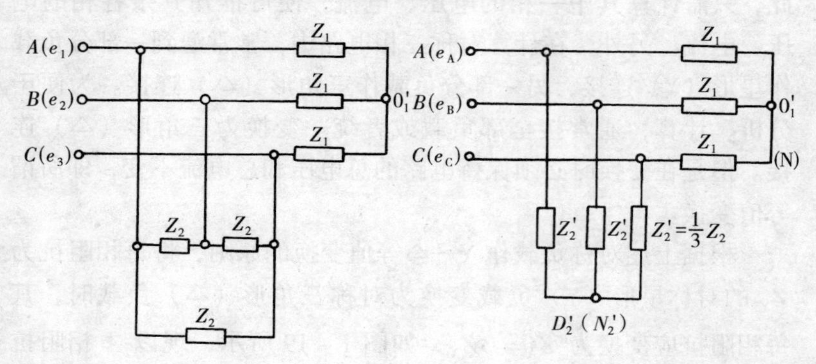

图 1－20　典型对称三相电路

对称三相电路的功率应等于三个单相电路功率之和。由于对称三相电路中各项电压、电流对称，因而各相功率 P、Q、S 必然相等。所以对称三相电路的功率等于一相电路功率之三倍。

即

$$P = 3U_{XA} \cdot I_{XA} \cdot \cos\phi_{XA}$$

$$Q = 3U_{XA} \cdot I_{XA} \cdot \sin\phi_{XA}$$

$$S = 3U_{XA} \cdot I_{XA}$$

如果负载作 Y 连接，$U_{XA} = \frac{1}{\sqrt{3}}U_X$，$I_{XA} = I_X$；

如果负载作△连接 $U_{XA} = U_X$，$I_{XA} = \frac{1}{\sqrt{3}}I_X$。

因此，不论负载作何种连接（Y 或△），对称三相电路的功率均可表示为

$$P = \sqrt{3}U_X \cdot I_X \cdot \cos\phi_{XA}$$

$$Q = \sqrt{3}U_X \cdot I_X \cdot \sin\phi_{XA}$$

$$S = \sqrt{3}U_X \cdot I_X$$

不对称三相电路的分析、计算比较复杂，可运用一般电路定律、定理和方法，并结合三相电路特点进行分析和计算，此处不再赘述。

三相电路的测量一般包括电压、电流、功率（有功、无功），电能、功率因数、频率等项。可分别采用交流电压表、电流表、功率表、电度表、cos 表、频率表等。在测量大电流、高电压时，还要借助于电流、电压互感器，其中常用的电压、电流、功率表在电路中的接线方式如图 1-21 所示。

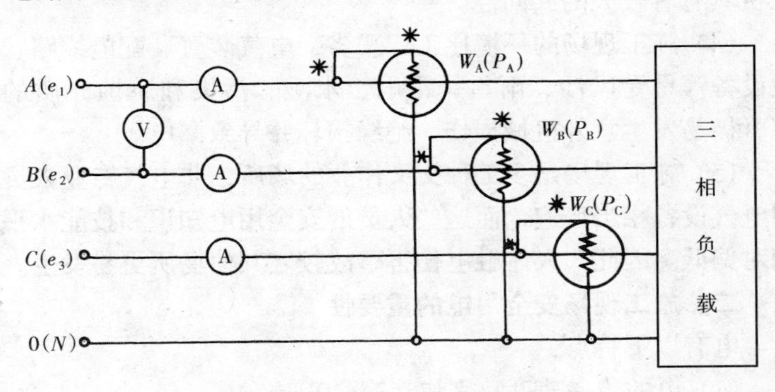

图 1-21　三相电路的测量

1.3　施工现场用电特点和安全用电的重要性

100多年来，电能的运用不断普及，到了21世纪的今天，电能已经深入到人类生活各个领域，成为国民经济的命脉。然而客观世界的事物都具有两重性，即存在着对人类有利的一面，也存在着不利的一面，电能也不例外。它在促进工农业生产、给人类的生活带来幸福的同时，使用不当也会给人类带来一定的危害。关键在于人们掌握电这一客观事物的性能及其运行规律。

一、施工现场用电特点

从广义上讲，每个施工现场就是一个工厂，它的产品是一个建筑或构筑物。但是它又与一般的工业产品不同，具有如下的特殊性：

(1) 没有通常意义上的厂房，所设的电气工程明显带有临时性，露天作业多。

(2) 工作条件受地理位置和气候条件制约多，真可谓千差万别。

(3) 施工机械具有相当大的周转性和移动性，尤其是用电施工机具有着较大的共同性。

(4) 施工现场的环境比工厂恶劣，电气装置、配电线路、用电设备等易受风沙、雨雪、雷电、水溅、污染和腐蚀介质的侵害，极易发生意外机械损伤，绝缘损坏并导致漏电。

(5) 施工现场是多工种交叉作业的场所，非电气专业人员使用电气设备相当普遍，而这些人员的安全用电知识和技能水平又相对偏低。因此，人体触电伤害事故较之其他场所更易发生。

二、施工现场安全用电的重要性

电有以下特点：

(1) 电的传递速度特别快 (3×10^5km/s)。

(2) 电的形态特殊，只能用仪表才可测得电流、电压和波形等，但看不见、听不见、闻不着、摸不到。

（3）电的能量转换方式简单，电能可以及时转化为光、热、磁、化学、机械能等多种形式。

（4）电的网络性强，电力系统是由发电厂、电力网和用电设备组成一个统一整体。其发电、供电都在一瞬间完成，如果局部发生故障就会波及到整个电网。

由于发电、供电和用电同时进行的特殊性，在安装、检修和使用电气设备过程中，如果考虑不周或操作不当，往往容易引起人员伤亡、设备损坏，造成火灾、爆炸等电气事故，甚至造成大面积停电而影响生产、生活和社会秩序等严重后果。所以，要认识到用电安全是人命关天的大事，是保证生产、生活、社会活动顺利进行的重要环节，并积极开展用电安全的宣传和教育，以防止各类电气事故的发生。

随着社会的进步，建筑业的迅猛发展，在建筑施工现场，电能是不可缺少的主要能源。施工用电以及各种电气装置和用电建筑机械也日益增多。而施工现场用电的临时性和环境的特殊性、复杂性使得众多的电气设备和用电设备的工作条件相应变坏，从而使用电事故的发生概率增高，特别是因漏电而引起人身触电伤害事故的概率也随之增加。

根据建设部《关于开展施工多发性伤亡事故专项治理工作的通知》中列举的“四大”伤害内容，现场触电伤害排在第三位。1992~1995年上半年的三年半中，触电事故发生了78起，死亡94人。因此，施工现场的用电安全问题显得更加突出和重要。

综上所述，搞好施工现场安全用电是一项十分重要的工作。

为了有效地防止施工现场各种意外的触电伤害事故，保障人身安全，财物安全，首先应当在用电技术上采取完备的，可靠的安全防护措施，严格按《施工现场临时用电安全技术规范》(JGJ 46—88)要求实施，这是因为该规范就是针对建筑施工现场临时用电工程的技术性安全法规，一个以防止触电伤害为主要宗旨的法定性技术文件。

其次，从施工现场多年发生的用电事故分析中，可以看出“安全技术”的实施与“安全管理”的执行必须同时并举才能产生最佳效果。实践表明：只有通过严格的“安全管理”才能保证“安全技术”得以严格的贯彻、落实，并发挥其安全保障作用，达到杜绝人身意外触电伤害事故的目的。

1.4 现场电气工作人员的基本要求和职责

由于施工现场的电气工作有一系列要求，故对施工现场从事电气工作的专业人员也有一系列要求。

施工用电的专业人员是指与施工现场临时用电工程的设计、审核、安装、维修和使用设备等有关人员。

一、对施工现场电气工作人员的基本要求

（1）各类电气工作人员必须掌握安全用电的基本知识和所用机械、电气设备的性能，熟悉《施工现场临时用电安全技术规范》（JGJ 46—88）。

（2）从事安装、维修或拆除临时用电工程作业人员必须符合国家标准 GB 5306—85《特种作业人员安全技术考核管理规则》中的规定，并持有有效期内技术考核合格证件，方能从事电气作业。

（3）电工等级应同临时用电工程的技术难易程度和复杂性相适应。对于需要高等级电工完成的工作不宜指派低等级电工去做。

（4）各类电气工作人员要有“六性”：

1）要树立安全用电的责任性。电气安全直接关系到人员的生命，关系到生产、生活能否正常进行的大问题。每个从事电气工作人员要以高度的安全责任性和对人极端负责的精神，杜绝冒险操作，坚持做到“装得安全，拆得彻底，修得及时，用得正确”的要求。

2）发扬团结互助协作性。电气作业往往是几个人同时进行，或一人作业牵涉到其他人员，这就需要作业人员有较强的集体意识、他人意识、团结互助、互助监督、服从统一指挥，防止事故的发生。

3）坚持制度的严肃性。电气安全制度是广大电气作业人员经过长期实践经验的总结，是许多人用生命和血的代价换来的教训，电气作业人员必须老老实实地遵守它，维护它，完善它，同时还要和违反制度的现象作斗争。

4）掌握事故的规律性。触电事故往往是突然发生的，似乎是不可捉摸的。其实触电事故是有一定的规律性的，只要注意各类触电事故发生的特点，分析事故的原因，就可以从中找出季节性、遵章守纪性、安全技术措施缺陷性等规律，不断加以总结，防止同类事故的发生。

5）消除隐患的及时性。消除隐患是确保用电安全的重要保证。消除隐患要突出一个勤字，勤检查、勤保养、勤维修、勤宣传。要主动找问题，主动反映情况，主动协助领导处理问题。对于检查出的用电不安全隐患，切实做到“三定”即定人员，定措施，定期限，及时、正确地完成整改工作。

6）掌握技术的主动性。电气操作是一项较为复杂的专门技术，在电气操作时，又会与周围的环境与事物发生密切的联系。作为一个电气作业人员不仅要懂得电气安全知识，还要知道与电气有关的安全知识，比如电气登高作业、防止电气火灾、触电抢救等相关知识。只有在掌握了电气技术专门知识和相关其他知识的基础上，才能在各种复杂的情况下判断和预防事故，即使发生事故也能正确、及时处理事故，真正做到防患于未然。

二、施工现场电气工作人员的主要职责

（1）编制施工现场临时用电施工组织设计，指导安全施工。

（2）对已编制的临时用电施工组织设计进行审核，并报主管部门或技术负责人审批。

（3）电气安装必须严格按已经批准的临时用电施工组织设计

和技术交底实施，杜绝随意性。

（4）维修电气故障时必须严格按安全操作规程作业，必要时应指派相关人员进行现场监护。

（5）定期组织或参加施工现场的电气安全检查活动，发现问题及时解决。

（6）对新安装的电气设备和用电机械要一丝不苟按验收标准进行技术、安全验收。

（7）对使用中的电器设备要按有关技术标准进行定期测定，并做好有关测定记录。

（8）建立健全施工现场临时用电的安全技术档案，档案内容齐全、准确反映施工过程中的用电安全情况。

（9）协助领导或参与事故分析，找出薄弱环节。采取针对性措施，预防同样事故的再发生。

总之，施工现场的用电安全工作要求每个电气工作人员都能够在电气安全上把好关、守好口，那么施工现场临时用电的安全状况，必将有根本的安全保障。给施工生产、生活带来更大的便利，为社会主义现代化建设事业增添新的光彩。

2 施工现场临时用电应遵循的规范与标准

2.1 《施工现场临时用电安全技术规范》（JGJ 46—88）

一、《施工现场临时用电安全技术规范》的适用范围

《施工现场临时用电安全技术规范》（以下简称“规范”）第一章总则第1.0.2条规定：“本规范适用于全民、集体、个体单位的工业与民用建筑施工现场临时用电工程中的中性点直接接地的380/220V三相四线制的低压电力系统”。

对1kV及以上的高压变配电工程，应按照国家有关标准、规范执行。

另外，“规范”第1.0.3条规定：“建筑施工现场临时用电中的其他有关技术问题尚应遵守现行的国家标准、规范或规程制度”。

“规范”的编制与施行，就是针对建筑施工现场用电特点，为有效防止各种意外的触电伤害事故，保障人身安全，保证施工生产顺利进行提供了技术保障，是我国建筑业施工现场临时用电安全方面的第一个技术性法规，对建筑施工现场具有普遍的适用性。

二、“规范”的主要内容

《施工现场临时用电安全技术规范》（JGJ 46—88）是中华人民共和国建设部1988年5月21日颁布，自1988年10月1日起实施。

"规范"的颁布实施，它不仅为建筑施工现场临时用电安全管理工作的科学化、规范化提供了法定依据，而且还系统地规定了建筑施工现场临时用电的一套安全技术措施，可以说它是建筑工人血的教训和生命代价换来的产物。

"规范"共有9章198条。第1章总则表明了本"规范"制定的目的与适用范围，以及与其他国家标准、规范或规程的关系。

从第2章用电管理开始，"规范"对施工现场与周围环境，接地与防雷、配电室及自备电源，配电线路、配电箱及开关箱、电动建筑机械及手持电动工具、照明等各环节都作了较为详尽的规定。

"规范"着重对用电管理中的主要环节，即编制施工现场临时用电的施工组织设计的重要性和方法做出了明确的规定，体现了"安全技术"与"安全管理"必须同时并重才能产生最佳效果的思想。

2.2 《建筑施工安全检查标准》(JGJ 59—99)

一、《建筑施工安全检查标准》的作用

《建筑施工安全检查标准》(以下简称"检查标准")由中华人民共和国建设部于1999年3月30日颁布，同年5月1日正式实施。

"检查标准"采用系统工程学的原理，将施工现场作为一完整的系统，对安全管理、文明施工、脚手架、基坑支护与模板工程，"三宝"、"四口"防护、施工用电、物料提升与外用电梯、塔吊、起重吊装和施工机具等十个方面，列出17张检查表，用检查表以衡量评分的方法，为施工现场安全评价提供了直观数字和综合评价的标准。

"检查标准"中将施工现场临时用电内容列为表3.0.8，《施

工用电检查评分表》（见表2－1）

施工用电检查评分表 **表2－1**

序号	检查项目		扣分标准	应得分数	扣减分数	实得分数
1	保证项目	外电防护	小于安全距离又无防护措施的扣20分防护措施不符合要求，封闭不严密的扣5～10分	20		
2		接地与接零保护系统	工作接地与重复接地不符合要求的扣7～10分 未采用TN－S系统的扣10分 专用保护零线设置不符合要求的扣5～8分 保护零线与工作零线混接的扣10分	10		
3		配电箱开关箱	不符合“三级配电两级保护”要求的扣10分 开关箱（未级）无漏电保护或保护器失灵，每一处扣5分 漏电保护装置参数不匹配，每发现一处扣2分 违反“一机、一闸、一漏、一箱”的每一处扣5～7分 安装位置不当、周围杂物多等不便操作的每一处扣5分 闸具损坏、闸具不符合要求的每一处扣5分 配电箱内多路配电无标记的每一处扣5分 电箱下引出线混乱每一处扣2分 电箱无门、无锁、无防雨措施的每一处扣2分	20		
4		现场照明	照明专用回路无漏电保护扣5分 灯具金属外壳未作接零保护的每一处扣2分 室内线路及灯具安装高度低于2.4m未使用安全电压供电的扣10分 潮湿作业未使用36V以下安全电压的扣10分 使用36V安全电压照明线路混乱和接头处未用绝缘布包扎扣5分 手持照明灯未使用36V及以下电源供电扣10分	10		
		小计		60		

续表

<table>
<tr><th>序号</th><th colspan="2">检查项目</th><th>扣 分 标 准</th><th>应得分数</th><th>扣减分数</th><th>实得分数</th></tr>
<tr><td>5</td><td rowspan="5">一般项目</td><td>配电线路</td><td>电线老化、破皮未包扎的每一处扣10分
线路过道无保护的每一处扣5分
电杆、横担不符合要求的扣5分
架空线路不符合要求的扣7~10分
未使用五芯线（电缆）的扣10分
使用四芯电缆外加一根线替代五芯电缆的扣10分
电缆架设或埋设不符合要求的扣7~10分</td><td>15</td><td></td><td></td></tr>
<tr><td>6</td><td>电器装置</td><td>闸具、熔断器参数与设备容量不匹配，安装不符合要求的每一处扣3分
用其他金属丝代替熔丝扣10分</td><td>10</td><td></td><td></td></tr>
<tr><td>7</td><td>变配电装置</td><td>不符合安全规定的扣3分</td><td>5</td><td></td><td></td></tr>
<tr><td>8</td><td>用电档案</td><td>无专项用电施工组织设计的扣10分
无地极阻值摇测记录的扣4分
无电工巡视维修记录或填写不真实的扣4分
档案乱、内容不全、无专人管理的扣3分</td><td></td><td></td><td></td></tr>
<tr><td></td><td>小　　计</td><td></td><td>40</td><td></td><td></td></tr>
<tr><td colspan="3">检查项目合计</td><td></td><td>100</td><td></td><td></td></tr>
</table>

施工用电检查评分表是施工现场临时用电的检查标准，临时用电既是一个独立的子系统，又和有些检查表有相互联系和制约的关系，除了落地脚手架、“三宝”、“四口”防护，门型脚手架、悬挑脚手架、模板工程等内容无直接关系外，其他项目评分都与施工用电有关联。

二、“检查标准”中施工用电标准评分方法

“检查标准”在分项检查表中，列在保证项目中的项目对该分项表甚至整个系统的安全情况起着关键作用。依据检查评分汇总的实得分数，确定整个工地的安全生产工作的等级，分为优良、合格、不合格三个等级。

1. 优良

保证项目分值小计应达到 40 分以上，且没有一项为零的，汇总表得分值应在 80 分及其以上。

2. 合格

（1）保证项目分值小计应达到 40 分以上，且没有一项为零的，汇总表得分值应在 70 分及其以上。

（2）有一分表未得分，但汇总表得分值必须在 75 分及其以上。

（3）当起重吊装检查评分表或施工机具检查评分表未得分，但汇总表得分值在 80 分及其以上。

3. 不合格

（1）汇总表得分值不足 70 分；

（2）有一分表未得分，且汇总表得分在 75 分以下；

（3）当起重吊装检查评分表或施工机具检查评分表未得分，且汇总表得分值在 80 分以下。

评分注意事项：

应该强调指出："检查标准"是施工现场安全评价的依据，施工现场临时用电应以贯彻实施"规范"为主，"检查标准"中的《施工用电检查评分表》主要来源于"规范"的要求，因此，按照"规范"规定要求，落实各项安全管理和安全技术措施，是搞好施工现场安全用电的根本。

（1）本检查表实行的是扣分法，查出的问题按时对应的扣分值扣分，所扣剩下的分数即是该项目的实得分数。但最多扣减分不得大于该项目的应得分。换句话说不能出现负数。

（2）关于施工机具上的接零和接地，应装设漏电保护器的检查评分是放在"施工机具检查评分表"里进行检查评分，但这项检查工作仍应有电工负责。至于导线安装已包括在用电检查表中。

（3）防雷保护的评分，是分别列在所保护的机械设备等所属的评分表内。因为这些工作都属于电工作业范围，所以必须有电工完成。

3 施工现场用电安全管理

施工现场临时用电的安全管理可分为管理制度和安全技术管理

随着改革开放的深入发展，给建筑业注入了强大的生命力。大批先进的施工机械投入到施工生产，用电设备及电气装置不断增多。而施工现场的用电临时性、环境的特殊性、复杂性，加上管理制度的不健全，和有章不循以及其他各种因素。近年来触电事故造成的伤害，给伤者的家庭和国家财产带来很大损失。为了安全地使用好电，施工企业内部必须建立一系列的安全用电的管理制度和技术措施。

3.1 管理要求

一、用电规章制度

1. 变配电室的安全管理制度

变配电室必须做到“四防和一通”的要求，即防火、防雨、防潮汛、防小动物和保持通风良好；室内应备有合格绝缘棒、绝缘毡、绝缘靴子和手套，还应备有匹配的电气灭火消防器材、应急照明灯等安全用具；变配电室应有定期检查、维修保养的规定，当发现有哪些异常情况时应采取的应急抢救措施，停止运行的要求等等的详细规定。

2. 电气检修安全操作监护制度

对于检修的监护制度，必须有明确的规定，如施工现场夜间值班电工必须配备2人；发生故障1人检修、1人实行监护。平时如遇带电检修应遵守的要求：如带电部分只容许位于检修人员的侧边；断线时，先断相线，后断零线；接线时，先接零线，后接相线等等。监护人的具体要求、职责，也都要写进制度内。

3. 巡回检查制度

施工现场的临时用电状况一般处于动态变化，特别是在第三级用电变化就很大。配电箱到开关箱的电源线，乱拖乱拉、无限接长（超地 30m 以上）；现场用电人员安全、准确使用电气设备知识的缺乏，有意无意损坏电气设备的情况还很普遍。所以，很有必要规定电工的巡回检查，用制度形式固定下来。

4. 安全教育制度

电工是一种特殊工种，每个电工都要认真接受电气专业知识的培训、考核。同时，加强对现场的用电人员的安全，用电基本知识教育。开展经常性的教育活动，用制度形式固定下来。

5. 宿舍安全用电管理制度

目前，建筑施工队伍中，使用了大量的外来民工。这些工人整天吃住在工地，晚上有时还要加班。他们往往乱接电源线，在宿舍里有时烧吃的，煮热水，私自使用电加热器（非正规的电加热器），夏天把小电扇接到蚊帐里。这些乱接电源的现象很容易引发事故。所以必须对宿舍用电的安全管理作一些具体规定。

每个企业内部在安全生产上都有许多规章制度，针对施工用电方面缺什么制度，就应补什么制度，健全用电方面的管理。

二、施工用电安全技术措施

对变电、配电室的检修工作可采取全部停电、部分停电或不停电检修三种方法。为了保证检修工作的安全，应建立必要的安全的行之有效的技术措施。

1. 工作票制度

工作票制度一般有两种。

变电所第一种工作票使用的场合如下：

（1）在高压设备上工作需要全部停电或部分停电时；

（2）在高压室内的第二次回路和照明回路上工作，需要将高压设备停电或采取安全措施时。

变电室第二种工作票使用的场合如下：

(1) 在带电作业和带电设备外壳上的工作；

(2) 在控制盘和低压配电盘、配电箱、电源干线上工作；

(3) 在高压设备无需停电的二次接线回路上工作等。

根据不同的检修任务，不同的设备条件，以及不同的管理机构，可选用或制定适当格式的工作票。但是无论哪种工作票，都必须以保证检修工作的绝对安全为前提。

2. 工作票所涉人员的安全责任

(1) 工作票签发人

对工作票的签发人，必须是熟悉情况的领导担任，其安全责任如下：

1) 认识工作的必要性；

2) 工作是否安全可靠；

3) 工作票上所填的安全措施是否正确完备；

4) 所派工作负责人和检修人员是否适当和配备充足。

(2) 工作许可人

工作许可人一般由值班员、工地值班员或变配电室值班员担任，其安全责任如下：

1) 审查工作的必要性；

2) 按工作票停电，然后向检修负责人交待，并一同检查停电范围和安全措施，指明带电部分和安全措施，移交工作现场，双方认可签名以后才允许进行检修工作；

3) 检修工作结束时，工作许可人收到工作票，并且双方签名后才告结束。值班人员按工作票送电前，还需仔细检查现场，并通知有关单位确认无误方可送电。

(3) 工作负责人

工作负责人是这项工作的具体负责人，又是这项工作的监护人，其安全责任：

1) 在工作票上填写清楚检修项目、计划工作时间、工作人员名单等；

2) 结合实际进行安全教育、针对性的安全技术措施交底，严格执行工作票中制订的安全措施；

3）必须始终在操作现场，对工作人员进行认真监护，随时提醒与纠正工作，保证操作的正常与安全；

4）检修工作结束后，清理现场，清点人数确认无误，带领撤出现场。

(4) 工作班成员安全责任

1）在检修工作中，要明确工作任务、范围、安全技术措施、带电的具体部位等安全注意事项；

2）工作时认真负责、思想集中、遵守纪律、听从指挥；

3）如被工作负责人指定为监护的工作人员，要认真履行监护职责；

4）工作结束后，要认真清扫现场、清点工具，随工作负责人一起撤出现场。

3. 停电安全措施

全部停电和部分停电的检修工作的步骤是：停电、验电、放电、装临时接地线、装设遮栏和挂上对号的安全警示牌等。然后正式开始检修，以确保检修工作的安全。

(1) 对部分不停电设备与检修人员之间的安全距离：带电体在 10kV 时小于 0.25m，20～35kV 的带电设备之间小于 0.8m 时，这些带电体应停电。

(2) 停电时，应注意对所有能够检修部分与送电线路，要全部切断，而且每处至少要有一个明显的断开点，并应采用防止误合闸的措施。

(3) 对于多回路的线路，还要注意防止其他方面的突然来电，特别要注意防止低压方面的反馈电。

4. 验电措施

(1) 对已停电的线路或设备，不能光看指示灯信号和仪表（电压表）上反映出无电。均需进行必要的验电步骤。

(2) 验电时应带绝缘手套，按电压等级选择相应的验电器。

5. 放电措施

放电的目的是消除检修设备上残存的静电。

（1）放电应使用专用的导线，用绝缘棒或开关操作，人手不得与放电导体接触。

（2）线与线之间、线与地之间，均应放电。电容器和电缆线的残余电荷较多，最好有专门的放电设备。

6. 装接临时接地线

为了防止意外送电和二次系统外的反馈电，以及消除其他方面的感应电，应在被检修的部分外端装接必要的临时接地线。

（1）临时接地线的装拆程序是装时先接接地线，拆时后拆接地端。

（2）应验明线路或设备切实无电后，方可装设临时接地线。

7. 装设遮栏

在部分停电检修时，应对带电部分进行遮护，使检修人员与带电导体之间保证安全。

8. 悬挂警示标志

警示牌的作用是提醒大家注意。悬挂的警示标志要对上号有针对性。

9. 不停电检修

不停电检修工作必须严格执行监护制度，保证足够的安全距离。不停电检修工作时间不宜太长，对不停电检修所使用的工具应经过检查与试验。检修人员应经过严格培训，要能熟练掌握不停电检修技术与安全操作知识。

低压系统的检修工作，一般应停电进行，如必须带电检修时，应制订出相应的安全操作技术措施和相应的操作规程。

建筑施工现场的高压配电系统，有许多是当地供电部门管理检修。如属施工现场自行管理检修，检修人员必须经当地供电部门的高压检修的培训、考核合格后发高压电工上岗证。无高压上岗证者不得进入高压室操作。

三、施工现场电气工作人员应具备的技能

1. 电气工作人员范围及要求

（1）从事安装、维修或拆除临时用电工程的人员。

（2）从事用电管理的工程技术人员。

（3）电气工作人员，必须年满 18 周岁、身体健康无妨碍从事本职工作的病症和生理上缺陷；具有初中毕业以上文化程度和具有电工安全技术、电工基础理论专业技术知识和一定的实践经验。

2. 施工现场电工应知的内容

（1）应知电气事故的种类和危害性，电气安全的特点、重要性，能掌握处理电气事故方法。

（2）应知触电伤害的类型、造成触电的原因和触电的方式；电流对人体的危害作用，触电事故发生的规律；能对现场触电者采取急救措施的方法。

（3）应知我国的安全压电等级、安全电压的选用和使用条件。

（4）应知绝缘、屏护、安全距离等防止直接电击的安全措施；绝缘损坏的原因、绝缘指标；能掌握防止绝缘损坏的技术要求及测试绝缘的方法。

（5）应知保护接地（TT 系统）、保护接零（TN 系统）中性点不接地或经过阻抗接地（TT 系统）等防止间接电击的原理及措施；能针对在建工程的供电方式掌握接地、接零的方式、要求和安装测试的方法。

（6）应知漏电保护器类型、原理和特性、技术参数；能根据用电设备合理选择漏电保护装置及正确的接线方式、使用、维修知识。

（7）应知雷电形成及对电气设备、设施和人身的危害；掌握防雷的要求及避雷措施。

（8）应知电气火灾的形成原因和预防措施，懂得电气火灾的扑救程序和灭火器材的选择、使用与保管。

（9）应知静电的特点、危害和产生原因，掌握防静电基本方法。

（10）应知电气安全用具的种类、性能及用途；掌握其使用、保管方法和试验的周期、试验标准。

（11）应知现场特点，了解潮湿、高温、易燃、易爆、导电粉尘、腐蚀性气体或蒸气、强电磁场、多导电性物体、金属容器、坑沟、槽、隧道等环境条件对电气设备和安全操作的影响；能知道在相应的环境条件下设备选型、运行、维修的安全技术要求。

（12）应知现场周围环境及场内的施工机械、建筑物、构筑物、挖掘、爆破作业等对电气设备安全正常运行的影响；掌握相应的防范事故措施。

（13）应知电气设备的过载、断路、欠压、失压、断相等保护原理；能掌握本岗位中的电气设备的性能、技术参数及其安装、运行、维修、测试等技术工作的技术标准和安全技术要求；同时掌握对电气设备的保护方式的选择和保护装置及二次回路的安装、调试技术。

（14）应知照明装置、移动电具、手持式电功工具及临时供电线路安装、运行、维修的安全技术要求。

（15）应知与电工作业有关的登高、机械、起重、搬运、挖掘、焊接和爆破等作业的安全技术要求。

（16）应知静电感应原理，掌握在临近带电设备或有可能产生感应电压的设备上工作时的安全技术要求。

（17）应知带电操作的理论知识，掌握相应带电操作技术和安全要求。

（18）应知本岗位内的电气系统的线路走向、设备分布情况、编号、运行方式、操作步骤和处理事故的程序要熟练掌握。

（19）应知调度管理要求和用电管理规定。

（20）应知本岗位现场运行规程和工作票制度、操作监护制度、巡回检查制度、交接班制度。

（21）应知电工作业中的保证安全的组织措施和技术措施。

3.2 施工现场临时用电施工组织设计

按照 JGJ 46—88《施工现场临时用电安全技术规范》的规定："临时用电设备在 5 台及 5 台以上或设备总容量在 50kW 及 50kW 以上者，应编制临时用电施工组织设计"。

编制临时用电施工组织设计的目的在于使施工现场临时用电工程的设置有一个科学的依据，从而保障其运行的安全、可靠性；另一方面，临时用电施工组织设计作为临时用电工程的主要技术资料，有助于加强对临时用电工程的技术管理，从而保障其使用的安全、可靠性。因此，编制临时用电施工组织设计是保障施工现场临时用安全、可靠的、首要的、必不可少的基础性技术措施。

临时用电施工组织设计的任务是为现场施工设计一个完备的临时用电工程，制定一套安全用电技术措施和电气防火措施。即所设计的临时用电工程，既能满足现场施工用电的需要，又能保障现场安全用电的要求，同时还要兼顾用电的方便和经济。

一、施工组织设计的主要内容和作用

临时用电施工组织设计的主要内容是：

1. 现场勘测

现场勘测工程包括：调查测绘现场的地形、地貌，正式工程的位置，上、下水等地上、地下管线和沟道的位置，建筑材料、器具堆放位置，生产、生活暂设建筑物位置，用电设备装设位置，以及现场周围环境等。

临时用电施工组织设计的现场勘测工作可与建筑工程施工组织设计的现场勘测工作同时进行，或直接借用其勘测资料。

现场勘测资料是整个临时用电工程设计和设置的地理环境条件。

2. 负荷计算

负荷计算主要是根据现场用电情况计算用电设备，用电设备

组，以及作为供电电源的变压器或发电机的计算负荷。

计算负荷被作为选择供电变压器和发电机、导线截面、配电装置和电器的主要依据。

负荷计算要和变电所以及整个配电系统（配电室、配电箱、开关箱以及配电线路）的设计结合进行。

3. 变电所设计

变电所设计主要是选择、确定变压器的位置、型号、规格、容量和确定装设要求；选择和确定配电室的位置、配电室的结构、配电装置的布置、配电电器和仪表的选择和确定变电所内、外的防护设施；选择和确定电源进线、出线走向和内部接线方式，以及接地、接零方式等。

变电所设计应与自备电源（柴油发电机组）设计结合进行，特别应考虑其联络问题、明确确定联络方式和接线。变电所设计还应与配电线路设计相结合。

4. 配电线路设计

配电线路设计主要是选择和确定线路走向，配线方式（架空线或埋地电缆等），敷设要求、导线排列，选择和确定配线型号、规格；选择和确定其周围的防护设施等。

配电线路设计不仅要与变电所设计相衔接，还要与配电箱设计相衔接，尤其要与配电系统的基本保护方式（应采用 TN－S 保护系统）相结合，统筹考虑零线的敷设和接地装置的敷设。

5. 配电箱与开关箱设计

配电箱与开关箱设计是指为现场所用的非标准配电箱与开关箱的设计。

配电箱与开关箱的设计主要是选择箱体材料，确定箱体结构与尺寸，确定箱内电器配置和规格，确定箱内电气接线方式和电气保护措施等。

配电箱与开关箱的设计要与配电线路设计相适应，还要与配电系统的基本保护方式相适应，并满足用电设备的配电和控制要求，尤其要满足防漏电触电的要求。

6. 接地与接地装置设计

接地是现场临时用电工程配电系统安全、可靠运行和防止人身间接接触触电的基本保护措施。

接地与接地装置的设计主要是根据配电系统的工作基本保护方式的需要确定接地类别，确定接地电阻值，并根据接地电阻值的要求选择或确定自然接地体或人工接地体。对于人工接地体还要根据接地电阻值的要求、设计接地体的结构、尺寸和埋深、以及相应的土壤处理、并选择接地体材料。接地装置的设计还包括接地线的选用和确定接地装置各部分之间的连接要求等。

7. 防雷设计

防雷设计包括：防雷装置装设位置的确定，防雷装置型式的选择，以及相关防雷接地的确定。

防雷设计应保证根据设计所设置的防雷装置，其保护范围能可靠地覆盖整个施工现场，并能对雷害起到有效的防护作用。

8. 编制安全用电技术措施和电气防火措施

编制安全用电技术措施和电气防火措施要和现场的实际情况相适应，其中主要之点是：电气设备的接地（重复接地）、接零（TN－S系统）保护问题，装设漏电保护器问题，一机一闸问题，外电保护问题，开关电器的装设、维护、检修、更换问题，以及对水源、火源、腐蚀介质、易燃易爆物的妥善处理等问题。

编制安全用电技术措施和电气防火措施时，不仅要考虑现场的自然环境和工作条件，还要兼顾现场的整个配电系统，包括从变电所到用电设备的整个临时用电工程。

9. 电气设计施工图

对于施工现场临时用电工程来说，由于其设置一般只具有暂设的意义，所以可综合给出体现设计要求的设计施工图。又由于施工现场临时用电工程相对来说是一个比较简单的用电系统，同时其中一些主要的，相对比较复杂的用电设备和控制系统已由制造厂家确定，勿须重新设计，所以现场临时用电工程设计施工图中只须包括供电总平面图，变、配电所（总配电箱）布置图、变、配电系统接线图，接地装置布置图等主要图纸。

电气施工图实际上是整个临时用电工程施工组织设计的综合体现，是以图纸形式给出的施工组织设计，因而它是施工现场临时用电工程中最主要、也是最重要的技术资料。

编制施工现场临时用电工程施工组织设计的主要依据是JGJ 46—88《施工现场临时用电安全技术规范》，以及其他一些相关的电气技术标准、法规和规程。

编制临时用电工程施工组织设计，必须由专业电气工程技术人员来完成。

本书在附录中按照通常编制用电施工组织设计的程序给出了一套较为系统、完备的设计方法和必要的参考资料，以供读者在编制施工现场临时用电施工组织设计时参照应用。

二、施工组织设计安全措施的制定与交底

(一) 安全用电组织措施

(1) 建立临时用电施工组织设计和安全用电技术措施的编制、审批制度，并建立相应的技术档案。

(2) 建立技术交底制度。向专业电工、各类用电人员介绍临时用电施工组织设计和安全用电技术措施的总体意图、技术内容和注意事项，并应在技术交底文字资料上履行交底人和被交底人的签字手续，载明交底日期。

(3) 建立安全检测制度。从临时用电工程竣工开始，定期对临时用电工程进行检测，主要内容是：接地电阻值，电气设备绝缘电阻值，漏电保护器动作参数等，以监视临时用电工程是否安全可靠，并做好检测记录。

(4) 建立电气维修制度。加强日常和定期维修工作，及时发现和消除隐患，并建立维修工作记录，记载维修时间、地点、设备、内容、技术措施、处理结果、维修人员、验收人员等。

(5) 建立工程拆除制度。建筑勤务竣工后，临时用电工程的拆除应有统一的组织和指挥，并须规定拆除时间、人员、程序、方法、注意事项和防护措施等。

（6）建立安全检查和评估制度。施工管理部门和企业要按照JGJ 59—88《建筑施工安全检查评分标准》定期对现场用电安全情况进行检查评估。

（7）建立安全用电责任制。对临时用电工程各部位的操作、监护、维修，分片、分块、分机落实到人，并辅以必要的奖惩。

（8）建立安全教育和培训制度。定期对专业电工和各类用电人员进行用电安全教育和培训，经过考核合格者持证上岗。禁止无证上岗或随意串岗。

（9）强化安全用电领导体制，改善电气技术队伍素质。

（二）安全用电技术措施

对于按 JGJ 46—88《施工现场临时用电安全技术规范》规定，应编制临时用电施工组织设计的施工现场，可按下述六项要求简化编制安全用电技术措施。

（1）保证正确可靠的接地与接零。必须按本设计要求设置接地与接零，杜绝疏漏。所有接地、接零处必须保证可靠的电气连接。保护线 PE 必须采用绿/黄双色线，严格与相线、工作零线相区别，杜绝混用。

（2）电气设备的设置必须符合 JGJ 46—88《施工现场临时用电安全技术规范》的要求。

（3）电气设备的安装必须符合 JGJ 46—88《施工现场临时用电安全技术规范》的要求。

（4）电气设备的防护必须符合 JGJ 46—88《施工现场临时用电安全技术规范》的要求。

（5）电气设备的使用与维修必须符合 JGJ 46—88《施工现场临时用电安全技术规范》的要求。

（6）电气设备的操作与维修人员必须符合 JGJ 46—88《施工现场临时用电安全技术规范》的要求。

对于按 JGJ 46—88《施工现场临时用电安全技术规范》规定，临时用电设备在 5 台以下和设备总容量在 50kW 以下的施工现场，可不必系统编制临时用电施工组织设计，但须编制详细的安全用电技术措施，此时，安全用电技术措施应包括下述内容：

1. 接地与接零

(1) 在施工现场专用的中性点进接接地的低压电力线路中，必须采用 TN－S 接零保护系统。

1) 保护零线应由工作接地线或配电室的零线或第一级漏电保护器电源侧的零线引出；

2) 保护零线应与工作零线分开单独敷设，不作它用，保护零线 PE 必须采用绿/黄双色线；

3) 保护零线必须在配电室（或总配电箱）配电线路中间和末端至少三处作重复接地，重复接地线应与保护零线相连接；

4) 保护零线的截面应不小于工作零线的截面，同时必须满足机械强度的要求，其中，架空敷设间距大于 12m 时，采用绝缘铜线截面不小于 $10mm^2$，采用绝缘铝线截面不小于 $16mm^2$，与电气设备相连接的保护零线应为截面不小于 $2.5mm^2$ 的绝缘多股铜线。

5) 电气设备的正常情况下不带电的金属外壳、框架、部件、管道、轨道、金属操作台以及靠近带电部分的金属围栏、金属门等均应保护接零。

6) 供电电力变压器中性点的直接工作接地电阻值的保护零线重复接地电阻值应符合第五章接地与接地装置设计的要求。

(2) 在施工现场与外电线路共用同一供电系统时，如外电线路要求采用 TT 保护系统，则施工现场也应采用 TT 保护系统。

在 TT 保护系统中，因条件限制接地有困难时，应设置操作和维修电气装置的绝缘台，并必须使操作人员不致偶然触及外物。

电气设备保护接地电阻值应符合第五章接地与接地装置设计的要求。

特别应当注意：不得一部分设备作保护接零，另一部分设备作保护接地。

2. 配置漏电保护器

（1）施工现场的配电箱（配电室）和开关箱应至少配置两级漏电保护器。

（2）漏电保护器应选用电流动作型，一般场合漏电保护器的额定漏电动作电流应不大于30mA，额定漏电动作时间应不大于0.1s；潮湿和有腐蚀介质场所的漏电保护器，其额定漏电动作电流应不大于15mA，其额定漏电动作时间应不大于0.1s；额定漏电动作电流和额定漏电动作时间乘积的极限值为（不大于）30mAs；

（3）漏电保护器的使用接线应与基本保护系统相适应、相配合，在任何情况下，漏电保护器（其剩余电流互感器）只能通过工作线，而不能通过保护线。

3. 开关箱

开关箱实行一机一闸制。

4. 外电防护

施工现场的在建工程应按JGJ 46—88《施工现场临时用电安全技术规范》的要求，保证与外电线路的安全距离或采取相应的防护措施。

5. 配电系统

配电系统除应符合第二、三、四、五章设计要求外，还应达到以下要求：

（1）开关电器及电气装置必须完好、无损；

（2）开关电器及电气装置必须设置端正、牢固、不得拖地放置；

（3）带电导线与导线之间的接头必须绝缘包扎；

（4）带电导线必须绝缘良好；

（5）带电导线上严禁搭、挂、压其他物体；

（6）电气装置的电源进线端必须作固定连接；

（7）配电箱与开关箱应作名称、用途分路标记；

（8）配电箱、开关箱应配锁并有专人负责；

（9）电气装置内部及其周围邻近区域不得有杂物、灌木和杂草等；

（10）电气装置应定期检修，检修时必须做到：

1）停电；

2）悬挂停电标志牌，挂接必要的接地线；

3）由相应级别的专业电工检修；

4）检修人员应穿戴绝缘鞋和手套，使用电工绝缘工具；

5）有统一组织和专人统一指挥。

6. 照明

（1）在坑洞内作业、夜间施工或自然采光差的场所、作业厂房、料具堆放场、道路、仓库、办公厅室、食堂、宿舍等设置一般照明、局部照明或混合照明；

（2）根据作用场所的环境条件选择相应的照明器，如开启式、防水型、防振或耐酸碱型；

（3）行灯电压不得超过36V，隧道、人防工程、高温、导电灰尘或灯具离地面高度低于2.4m等场所照明电压不大于36V，潮湿及易触及带电体场所照明电压不大于24V，特别潮湿的场所、导电良好的地面、锅炉或金属容器内照明电压不大于12V；

（4）根据需要设置警卫照明、红色信号照明和事故照明，其电源应设在施工现场电源总开关的前侧，并配备应急电流。

7. 培训

对各类用电人员进行安全用电基本知识培训。

（三）安全技术交底

施工现场临时用电施工组织设计编制完成后，应按“规范”要求，报送企业有关部门进行会审，各部门提出会审意见后，报企业技术负责人审批，未经企业技术负责人审批，施工现场不得组织人员实施临时用电工程。

通过以上程序，施工现场临时用电施工组织设计的编制人应对临时用电工程实施作业的班组或人员进行全面技术交底，不仅要对临时用电工程技术设计要求和安全措施进行交底，而且要对在实施和作业过程中的施工安全，比如登高作业、带电作业，临护措施等进行安全交底。

交底工作应在口头交底的同时，用书面形式做到人手一份，逐条讲解和弄懂，交底完毕，交底人和接受交底人双方签字认可，交底完成。

施工项目部安全管理人员或项目经理应及时督促和检查安全交底的内容程序，发现不符合制度要求和“规范”要求的情况，应及时提出整改意见，确保施工现场临时用电施工组织设计和各项管理制度的严肃性，从而达到安全用电规范作业的目的。

3.3 管理资料与记录

施工用电安全技术资料的主要内容：

(1) 现场临时用电施工组织设计的全部资料、从现场勘测得到的全部资料、用电设备负荷的计算资料、变配电所设计资料、配电线路、配电箱及工地接地装置设计的内容、防雷设计、电气设计的施工图等重要资料。

(2) 经修改的临时用电施工组织设计的资料，包括补充的图纸、计算资料。

(3) 技术交底资料：

1) 当施工用电组织设计被审核批准后，应向临时用电工程施工人员进行技术交底，交底人与被交底人双方要履行签字手续。

2) 对外电线路的防护，应编写防护方案。

3) 对于自备发电机，应写出安全保护技术措施，绘制联锁装置的接线系统图。

(4) 临时用电工程检查与验收。当临时用电安装完毕后，应进行验收。一般由项目经理、工程师、工长组织电气技术人员、安全员和电工共同进行。对查出的问题、整改意见都要记录下来，并填写“临时用电工程检查验收表”。对存在的问题，限期整改完以后，再组织验收。合格后，填写验收意见和验收结论，参加验收者应签字。

（5）电气设备的调试、测试、检验资料。

1）现场有高压设备时，变压器的各种试验结果、油开关、贫油开关的试验结果、高压绝缘子的试验报告以及高压工具的试验结果等资料。

2）自备发电机时、发电机的试验结果。

3）各种电气设备的绝缘电阻测定记录。

4）漏电保护器的定期试验记录。

（6）接地电阻测定记录。

（7）定期检查表。可采用“JGJ 46—88《建筑施工安全检查评分标准》”中的“施工用电检查评分表”及“施工用电检查记录表”(供参考)。

（8）电工维修工作记录。电工在对临电工程进行维修工作后，及时认真做好记录，注明日期、部位和维修的内容，并妥善保管好所有的维修记录。临电工程拆除后交负责人统一归档。

建筑施工现场临时用电的安全技术资料，应该由现场的电气技术人员负责建立与管理。但目前施工现场大部分没有配备专职的电气技术人员，即使有也是一人身兼数职，负责多个工地。这种情况下资料可指定工地安全员保管与施工现场其他的安全资料一起存放。对于平时的维修工作记录，可以指定工地电工代管，到工程结束，临时用电工程拆除以后统一归档。

4 施工现场配电的方法及要求

在建筑施工现场，有各种各样的用电设备，有垂直运输机械，如塔式起重机、施工升降机和物料提升机等；有混凝土机械，如混凝土搅拌机、振捣器等；有钢筋加工机械、木加工机械；有泵、电焊机，还有各种照明器。可以说，建筑施工工程的顺利进行，离不开这些用电设备的安全可靠的运作。而要保障用电设备的安全可靠，就需要对用电设备的配电系统进行合理的设置、精心的施工和可靠的维护。施工现场的配电线路，从取电开始一直到用电设备的电源进线，涵盖了除用电设备以外的各个环节，它包括：配电室及自备电源、配电箱、电缆线路、架空线路、室内配线以及用电设备的开关箱，它还包括了各种开关设备和电气保护装置。现场电工，要了解配电系统的设置原则与方法，实施配电系统的布置与施工，执行配电系统的日常维护与保养。

4.1 配电室及自备电源

施工现场的电源，大都取自施工现场以外的电力线路即外电线路，也有施工现场因远离电力线路、不便取用外电而采用柴油发电机组作为自备电源。当然也有两者兼而有之的，即将柴油发电机组作为外电线路停电时的备用电源。采用外电线路也有两种方式，一是直接取用 380/220V 市电，二是取用高压电力，通过设置电力变压器将高压电变换成低压电使用。

然而，不管采用何种取电方式，取下来的电源都需要通过配电室再分配给所有的现场用电设备。下面就来谈谈对配电室的要求。

一、配电室

（一）配电室的选址

正确地选择配电室的位置，将使施工现场的配电系统得到合理的布局和安全的运行，并能提高供电质量。配电室的选址应符合下列原则：

（1）配电室应尽量靠近负荷中心，以减少配电线路的线缆长度并减小导线截面，进而提高配电质量，同时还能使配电线路清晰，便于检查、维护，节约投资；

（2）进出线方便，且便于电气设备的搬运；

（3）尽量设在污染源的上风侧，以防止因空气污秽而引起电气设备绝缘、导电水平下降；

（4）尽可能避开多尘、振动、高温、潮湿等环境场所，以防止尘埃、潮气、高温对配电装置的导电、绝缘部分的侵蚀，以及振动对配电装置运行的影响；

（5）不应设在容易积水的地方以及它的正下方。

（二）配电室的布置

配电室一般为相对独立的建筑物，内置配电装置，配电屏是常用的配电装置。由于配电屏是经常带电的配电装置，为保障其运行和检查、维修安全，必须按下述要求设置配电屏：

（1）配电屏与其周围应保持可靠的电气安全距离。配电屏正面的操作通道宽度：单列布置时不应小于1.5m，双列布置时不应小于2m（图4－1、图4－2）；配电屏后面的维护、检修通道宽度：不应小于0.8m，在建筑物的个别结构凸出部位，宽度允许减小为0.6m，若通道两面都有设备，宽度不应小于1.5m（图4－3、图4－4）。

（2）为防止人员误碰带电的裸导体部分而造成触电，规定配电设备的裸导电部分离地高度不得低于2.5m，若低于2.5m应加装遮护罩。遮护材料可用网孔不大于20mm×20mm的钢丝网或无孔的铁板或绝缘板。网式遮护至裸导体的距离不应小于100mm，无孔板式遮护至裸导体的距离不应小于50mm，遮护围栅高度不应低于1.7m。

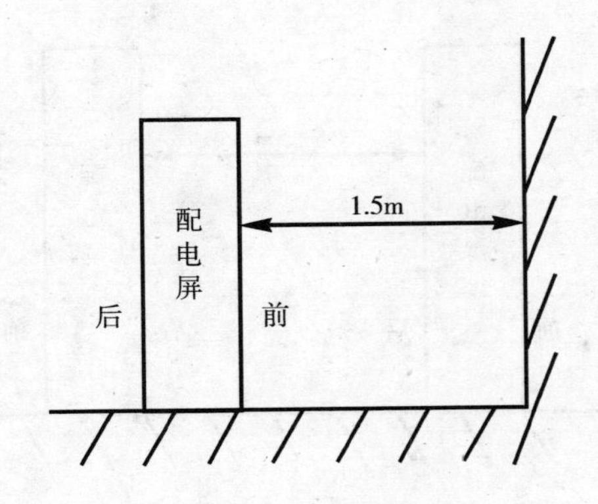

图 4－1　单列布置

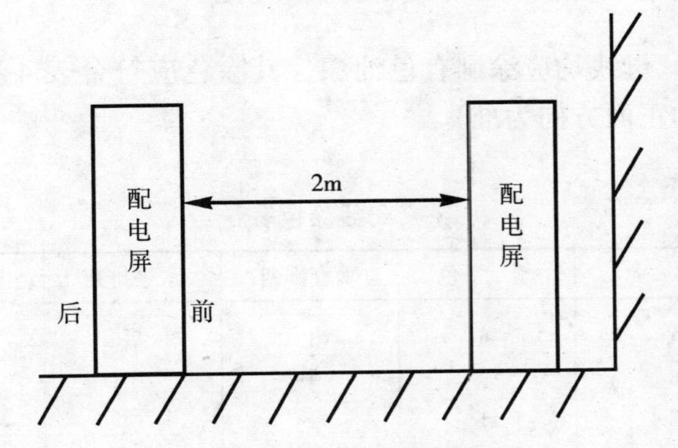

图 4－2　双列布置

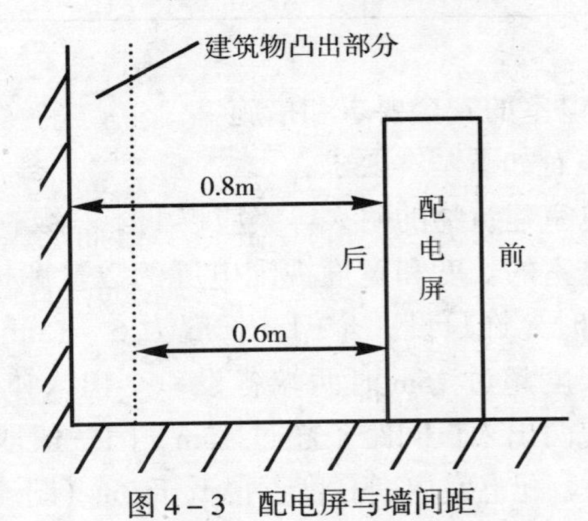

图 4－3　配电屏与墙间距

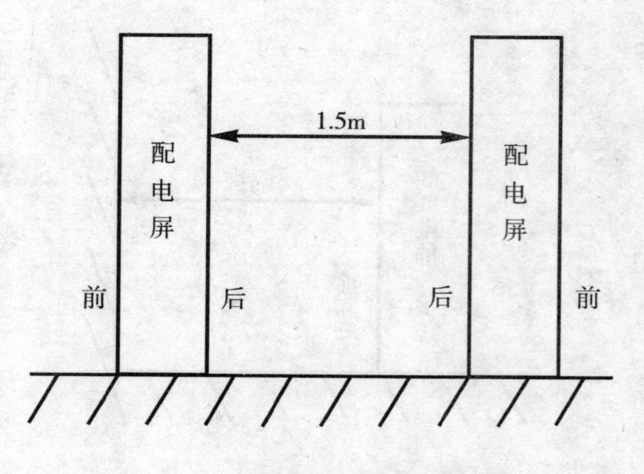

图 4－4　配电屏之间间距

（3）母线均应涂刷有色油漆，其涂色应符合表 4－1 的规定（以屏的正面方向为准）。

母线涂色表　　表 4－1

相　　别	颜　　色	垂直排列	水平排列	引下排列
A	黄	上	后	左
B	绿	中	中	中
C	红	下	前	右
N	黑			

（三）配电室的安全要求和措施

对配电室有如下基本要求：

（1）配电室建筑物的耐火等级应不低于三级；

（2）配电室的长度和宽度视配电屏的数量和排列方式而定，长度不足 6m 时允许只设一个门，长度为 6～15m 时两端各设一个出入口，长度超过 15m 时两端各设一个出入口、中间增加一个出入口，使两出入口间距不超过 15m。门一般取 1～1.2m，门高取 2～2.2m。配电室内净高度不得低于 3m（图 4－5）；

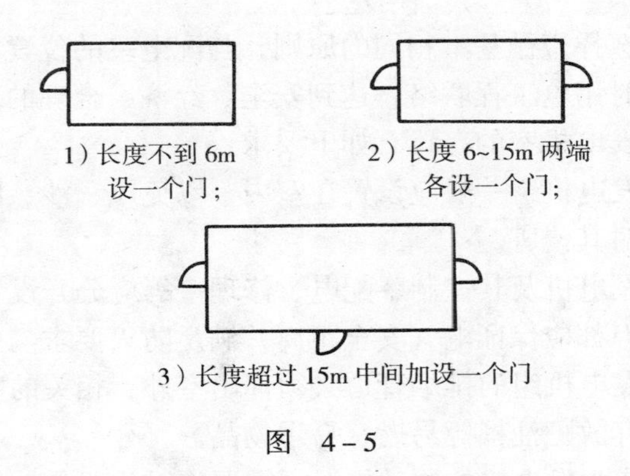

图 4－5

（3）配电室应做到防火、防雨雪、防潮汛、防小动物和通风良好；

（4）配电室门应向外开启并设置锁具。

此外，配电室的作业还应遵循下列安全技术措施：

（1）成列的配电屏两端应与重复接地线和专用保护零线作电气连接，以实现所有配电屏正常不带电的金属部件为大地等电位的等位体。

（2）配电屏上的各条线路均应统一编号，并做出用途标记，以便于运行管理、安全操作。

（3）配电屏应装设短路、过负荷、漏电等电气保护装置。

（4）配电屏或配电线路检修时，应停电并在受停电影响的各配电箱和开关箱处悬挂标志牌，以免停、送电时发生误操作。

（5）配电室的地坪上应敷设绝缘垫，配备绝缘用具、灭火器材等安全用品，并须配置停电检修用的接地棒。

（6）配电室应设置照明灯，其开关应设在门外或进门处。

（7）配电室门外及室内应设置安全警示标志，室内不得堆放杂物，保持通道畅通，并不得带进食物。

二、自备发电机

（一）自备发电机室的布置

自备发电机组作为一个持续供电电源，其位置选择应与配电室的位置选择遵循基本相同的原则，与配电室的位置相邻，便于与已设临时用电工程联络，达到安全、经济、合理的要求。

自备发电机室的布置有如下要求：

（1）发电机组一般应设置在室内，以免风、沙、雨、雪以及强烈阳光对其侵害。

（2）发电机及其控制、配电、修理室等应分开设置，也可合并设置，但都应保证电气安全距离并满足防火要求。

（3）发电机组的排烟管道必须伸出室外，相关的室内或周围地区严禁存放贮油桶等易燃、易爆物品。

（4）作为发电机的原动机运行需要临时放置的油桶应单独设置贮油室。

（二）自备发配电系统的安全措施

自备发配电系统需设置下列安全措施

（1）自备发电机组电源与外电线路电源在电气上必须连锁，严禁并列运行。

（2）自备发配电系统的接地、接零系统应独立设置，实现与外电线路的电气隔离，不得有电气连接。

（3）自备发电机组的供配电系统应采用具有专用保护零线的三相四线制中性点直接接地系统。

4.2 配电线路及装置

施工现场的配电线路是指为现场施工需要而敷设的配电线路，一般包括室外线路和室内线路。从其敷设方式看，室外线路主要有绝缘导线架空敷设（架空线路）和绝缘电缆埋地敷设（电缆线路）两种，也有室外电缆明敷设或架空敷设的。室内线路通常有绝缘导线或电缆明敷设和暗敷设两种。施工现场的配电线路担负着现场输送、分配电能的任务，遍布于整个施工现场，它的安全，关系着施工现场及施工人员的安全，本节将集中阐述配电线路施工及配电线路上各个电气装置的安全要求和措施。

一、配电线路的设置原则——三级配电，二级保护

施工现场临时用电的配电系统必须做到“三级配电，二级保护”，这是一个总的配电系统设置原则，它有利于现场电气系统的维护，充分保证施工安全。

“三级配电，二级保护”主要包含以下几方面的要求：

（1）现场的配电箱、开关箱要按照“总—分—开”的顺序作分级设置。在施工现场内应设总配电箱（或配电室），总配电箱下设分配电箱，分配电箱下设开关箱，开关箱控制用电设备，形成“三级配电”。

（2）根据现场情况，在总配电箱处设置分路漏电保护器，或在分配电箱处设置漏电保护器，作为初级漏电保护，在开关箱处设置末级漏电保护器，这样就形成了施工现场临时用电线路和设备的“二级漏电保护”。

（3）现场所有的用电设备都要有其专用的开关箱，做到“一机、一箱、一闸、一漏”；对于同一种设备构成的设备组，在比较集中的情况下可使用集成开关箱，在一个开关箱内每一个用电设备的配电线路和电气保护装置作分路设置，保证“一机、一闸、一漏”的要求。

二、电线和电缆

电线和电缆的选择，是施工现场临时用电配电线路设计的重要内容，选择的合理与否直接影响到有色金属消耗量与线路投资，以及电网的安全经济运行。施工现场一般采用铜线。

这里主要将讨论电线和电缆选择的原则和方法。

1. 电线和电缆

由于施工现场的配电线路，无论是在室外还是在室内，都必须采用绝缘电线和电缆，因此本书仅介绍绝缘电线和电缆。

（1）电线：

工地上常用的绝缘电线一般有橡皮绝缘和塑料绝缘两种，其型号及性能参数见表 4－2。

常用绝缘电线性能参数表 **表 4-2**

型号		名称	性能及用途	标称截面（mm^2）
铜芯	铝芯			
BXF	BLXF	氯丁橡皮绝缘电线（一般为单芯）	具有抗油性，不易霉、不延燃，耐日晒，耐寒耐热，耐腐蚀，耐大气老化，制造工艺简单等优点，适用于室外及穿管敷设，用于架空敷设比普通橡皮线具有明显的优越性，在有易燃物的场所应优先选用。适用交流 500V 及以下或直流 1000V 及以下，长期允许工作温度不超过 +65℃	0.75，1.0，1.5，2.5，4，6，10，16，25，35，50，70，95
BV	BLV	聚氯乙烯绝缘电线（一般为单芯）	耐油、耐燃，可用于潮湿的室内，作固定敷设之用。仅可用于室内明配或穿管暗配，不得直接埋入抹灰层内暗配敷设，不可用于室外。适用交流 500V 及以下或直流 1000V 及以下，长期允许工作温度不超过 +65℃	1.5，2.5，4，6，10，16，25，3，5，50，70，95
BVV	BLVV	聚氯乙烯绝缘聚氯乙烯护套电线（一芯、二芯、三芯）	耐油、耐燃，可用于潮湿的室内，作固定敷设之用。仅可用于室内明配或穿管暗配，不得直接埋入抹灰层内暗配敷设，不可用于室外。适用交流 500V 及以下或直流 1000V 及以下，长期允许工作温度不超过 +65℃	铜：0.75，1.0，1.5，2.5，4，6，10 铝：1.5，2.5，4，6，10，16，2，5，35
BVR	—	聚氯乙烯绝缘电线（一般为单芯）	适用于室内，作仪表、开关连接之用以及要求柔软电线之处。适用交流 500V 及以下或直流 1000V 及以下，长期允许工作温度不超过 +65℃	0.75，1.0，1.5，2.5，4，6，10，16，25，35，50

（2）电缆：

工地上常用的绝缘电缆一般也有橡皮绝缘和塑料绝缘两种，其型号及性能参数见表 4-3。

常用绝缘电缆性能参数表 **表 4-3**

型号		名称	性能及用途	标称截面（mm^2）
铜芯	铝芯			
VV	VLV	聚氯乙烯绝缘聚氯乙烯护套电力电缆（一至四芯）	敷设在室内、隧道内、管道中，不能承受机械外力。适用于交流 0.6/1.0kV 级以下的输配电线路中，长期工作温度不超过 +65℃，环境温度底于 0℃敷设时必须预先加热，电缆弯曲半径不小于电缆外径的 10 倍	一芯时为 1.5~500 二芯时为 1.5~150 三芯时为 1.5~300 四芯时为 4~185
XV	XLV	橡皮绝缘聚氯乙烯护套电力电缆（一至四芯）	敷设在室内，电缆沟内及管道中，不能承受机械外力作用。适用于交流 6kV 级以下输配电线路中作固定敷设，长期允许工作温度不超过 +65℃，敷设温度不低于 -15℃，弯曲半径不小于电缆外径的 10 倍	XV 一芯时为 1~240 XVL 一芯时为 2.5~630 XV 二芯时为 1~185 XLV 二芯时为 2.5~240 XV 三至四芯时为 1~185 XLV 三至四芯时为 2.5~240
XF	XLF	橡皮绝缘氯丁护套电力电缆（一至四芯）	敷设在室内，电缆沟内及管道中，不能承受机械外力作用。适用于交流 6kV 级以下输配电线路中作固定敷设，长期允许工作温度不超过 +65℃，敷设温度不低于 -15℃，弯曲半径不小于电缆外径的 10 倍	同上
YQ YQW	—	轻型橡套电缆（一至三芯）	连接交流 250V 及以下轻型移动电气设备。YQW 型具有耐气候和一定的耐油性能	0.3~0.75
YZ YZW	—	中型橡套电缆（一至四芯）	连接交流 500V 及以下轻型移动电气设备。YZW 型具有耐气候和一定的耐油性能	0.5~6
YC YCW	-	重型橡套电缆（一至四芯）	连接交流 500V 及以下轻型移动电气设备。YQW 型具有耐气候和一定的耐油性能	2.5~120

在上述电缆中，橡套电缆一般应用于连接各种移动式用电设备，而工地配电线路的干、支线一般采用各种电力电缆。

2. 电线和电缆的截面选择

电线和电缆的型号应根据其所处的电压等级和使用场所来选择，截面则应按下列原则进行选择：

（1）按发热条件选择：在最大允许连续负荷电流下，导线发热不超过线芯所允许的温度，不会因过热而引起导线绝缘损坏或加速老化。

（2）按机械强度条件选择：在正常工作状态下，导线应有足够的机械强度，以防断线，保证安全可靠运行。导线最小允许截面见表4－4。

按机械强度要求的导线最小允许截面　　表4－4

用途	线芯最小截面（mm^2）	
	铜线	铝线
照明用灯头引下线：		
1. 室内	0.5	2.5
2. 室外	1.0	2.5
架设在绝缘支持件上的绝缘导线，其支持点间距为：		
1.1m以下，室内	1.0	1.5
室外	1.5	2.5
2.2m及以下，室内	1.0	2.5
室外	1.5	2.5
3.6m及以下	2.5	4
4.12m及以下	2.5	6
使用绝缘导线的低压接户线：		
1. 档距10m以下	2.5	4
2. 档距10～25m	4	6
穿管敷设的绝缘导线	1.0	2.5
架空线路（1kV以下）		
1. 一般位置	10	16
2. 跨越铁路、公路、河流	16	35
电气设备保护零线	2.5	不允许
手持式用电设备电缆的保护零线	1.5	不允许

(3) 按允许电压损失选择：导线上的电压损失应低于最大允许值，以保证供电质量。各种用电设备端允许的电压偏移见表 4－5。

各种用电设备端允许的电压偏移范围　　表 4－5

用电设备种类及运转条件		允许电压偏移值（%）	
		－	+
电动机		5	5
起重电动机（启动时校验）		15	
电焊设备（在正常尖峰焊接电流时持续工作）		8～10	
照明	室内照明在视觉要求较高的场所 1. 白炽灯 2. 气体放电灯	 2.5 2.5	 5 5
	室内照明在一般工作场所	6	
	露天工作场所	5	
	事故照明、道路照明、警卫照明	10	
	12～36V 照明	10	

(4) 单相回路中的中性线截面与相线截面相同，三相四线制的中性线截面和专用保护零线的截面不小于相线截面的 50%。

(5) 室内配线所用导线截面，应根据用电设备的计算负荷确定，但铝线截面不应小于 $2.5mm^2$，铜线截面不小于 $1.5mm^2$。

在按上述不同条件选出的截面中，选择其中的最大值作为我们应该选取的导线截面。

三、电缆线路

在敷设电缆线路时，要尽可能选择距离最短的路线，同时应顾及已有的和拟建的房层建筑的位置，并设法尽量减少穿越各种管道、铁路、公路和弱电电缆的次数。在电缆线路经过的地区，应尽可能保证电缆不致受到各种损伤（机械的损伤，化学的腐蚀，地下电流的电腐蚀等）。施工现场的电缆线路一般采用埋地电缆线路和架空电缆线路（还包括沿墙敷设的墙壁电缆线路），严禁沿地面明敷设。

1. 室外埋地电缆的敷设要求

电缆的室外直接埋地敷设，因其经济和施工方便而在施工现场中应用相当广泛。但这种敷设方法也有其缺点，电缆易受机械损伤、化学腐蚀及电腐蚀，可靠性也较差，检修不方便，一般用于埋设根数不多的地方。埋地敷设的电缆宜采用有外护层的铠装电缆，在无机械损伤可能的场所也可采用护套电缆，埋地敷设的要求如下：

（1）电缆埋设深度不得小于0.6m，一般为0.7～1m，电缆上下应均匀铺设不小于100mm厚的细砂或软土，电力电缆之间、电力电缆与控制电缆之间的距离不得小于100mm，在电缆上方应铺设混凝土保护板或砖等硬质保护层，其覆盖宽度应超过电缆两侧各50mm，填铺的软土或细砂中不应有石块或其他硬质杂物。保护层与电缆的垂直距离不得小于100mm，电缆壕沟的形状和尺寸要求见图4－6和表4－6。

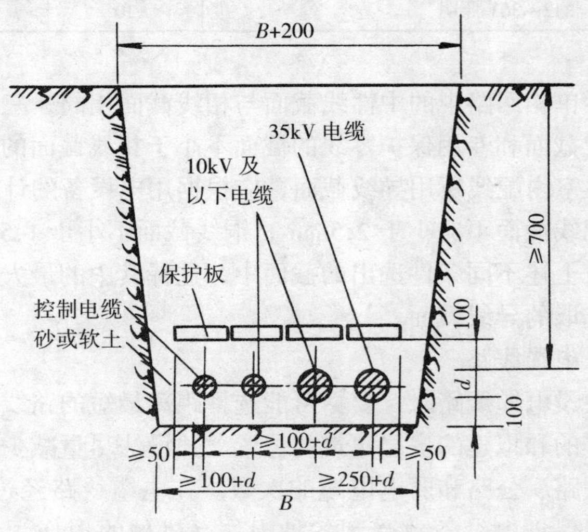

图4－6　电缆直接埋地

电缆壕沟宽度表 表 4-6

电缆壕沟宽度 B (mm)		控制电缆根数						
		0	1	2	3	4	5	6
10kV 及以下电力电缆根数	0		350	380	510	640	770	900
	1	350	450	580	710	840	970	1100
	2	500	600	730	860	990	1120	1250
	3	650	750	880	1010	1140	1270	1400
	4	800	900	1030	1160	1290	1420	1550
	5	950	1050	1180	1310	1440	1570	1800
	6	1100	1200	1330	1460	1590	1720	1850

（2）电缆敷设时不宜交叉，应排列整齐，固定可靠，电缆沿线及接头处应有明显的方位标识或牢固的标桩。

（3）埋设电缆时，应尽量避免碰到下列场地：经常积、存水的地方，地下埋设物较复杂的地方，时常挖掘的地方，预定搭设建筑物的地方以及散发腐蚀性气体或溶液的地方，制造和贮存易燃易爆物的地方。

（4）电缆与建筑物平行敷设时，电缆应埋设在建筑物的散水坡外。电缆引入建筑物时，所穿保护管应超出建筑物散水坡 100mm。

（5）电缆长度应比电缆壕沟长约 1.5%～2%，即留有一定裕量。

（6）电缆接头应设在地面上的接线盒内，接线盒应能防水、防尘、防机械损伤，并远离易燃、易爆、易腐蚀场所。

（7）电缆接头应牢固可靠，并应作绝缘包扎，保持绝缘强度，不得承受张力。

（8）电缆与其他设施的平行、交叉的最小距离和要求见表4-7。

（9）电缆穿越建筑物、构筑物，穿过楼板及墙避处，与道路交叉处，以及引出地面从距地面 2m 高以下至地下 0.2m 以上这一段，必须加设保护套管。保护套管的内径不应小于电缆外径的1.5倍，保护套管的弯曲半径不应小于所穿入电缆的允许弯曲半径。

直埋电缆与其他设施的最小允许距离 表4-7

设施名称	平行距离（m）	交叉距离（m）
建筑物、构筑物基础与电缆	0.5	
电杆基础与电缆	1.0	
电力电缆之间及其与控制电缆之间	0.1	
热力管道（沟）与电缆	2.0	1.0
石油、煤气管道与电缆	1.0（0.25）	0.5（0.25）
其他管道与电缆	0.5（0.25）	0.5（0.25）
铁路路轨与电缆	3.0	1.0
道路与电缆	1.5	1.0
排水明沟（平行时与沟边、交叉时与沟底）	1.0	0.5
乔木	1.5	
灌木丛	0.5	

注：表中括号内数字是指电缆穿管保护或加隔板后允许的最小距离。

2. 室外架空电缆的敷设要求

电缆除直接埋地敷设外，还可沿墙或用支架架空敷设，其结构简单，具体敷设要求是：

（1）架空敷设电缆，必须采用绝缘子固定，严禁使用金属裸线做绑线，固定点间距应保证电缆能承受自重所带来的荷重。电缆的最大弧垂距地不得小于2.5m。沿墙敷设时必须采用支架支承电缆，支架间距不得大于1m。

（2）高层建筑电缆的垂直敷设，应充分利用在建工程的竖井、垂直孔洞，并应靠近负荷中心处，电缆在每个楼层设一处固定点，有条件的话，固定点垂直距离控制在1.5m以内。当电缆水平敷设沿墙或门口固定，最大弧垂距地不得小于 1.8m。

（3）数根电力电缆一同敷设时，要保证电缆间净距离不小于 35mm，而保护零线与电力电缆的一同敷设除外，保护零线应每隔 1m 与电力电缆包扎一次，保护零线的线芯截面应不小于电缆零线的截面，且必须用多股线。

四、架空线路

架空线路具有投资费用低、施工期短、易于发现故障地点等特点，被广泛采用。但与电缆线路相比也存在一定的缺陷：可靠性较差、受外界条件（冰、风、雷）的影响较大，故敷设时更要注意其安全要求。

1. 架空线路的结构

架空线路由导线、电杆、横担、绝缘子四部分组成。

施工现场的架空线所采用的导线必须是绝缘导线，且都采用多股线，因多股线韧性比单股线好。

电杆是用来支持绝缘子和导线的，并保持导线对地面有足够的高度，以保证人身安全。为防止大风季节里电杆折断，要求电杆有足够的强度。常用的电杆有木杆、钢筋混凝土杆。

（1）木杆：价格低，质量轻，易于搬运，施工简便；木材是绝缘材料，能增强线路绝缘水平。其主要缺点是容易腐烂，特别是埋入土中部分。木杆采用松木、杉木、榆木或其他笔直的杂木，梢径（木杆顶端直径）一般不要太小（不小于 130mm），梢径小使登杆维修不安全，且遇大风容易倒杆。

（2）钢筋混凝土杆：使用不受气候条件影响，机械强度较大，维护容易，运行费低，可节省大量木材。其缺点是笨重，增加了施工和运输的困难和费用。钢筋混凝土杆的标准规格，一般有 6m，7m，8m，9m，10m，12m，15m 等几种，梢径有 150mm，170mm，190mm 等几种，可根据需要选用，以上各种电杆的锥度均为 1/75（长度增加 75cm，直径增加 1cm），混凝土杆示意图见图 4－7。

电杆的型式（按用途分）见表 4－8。

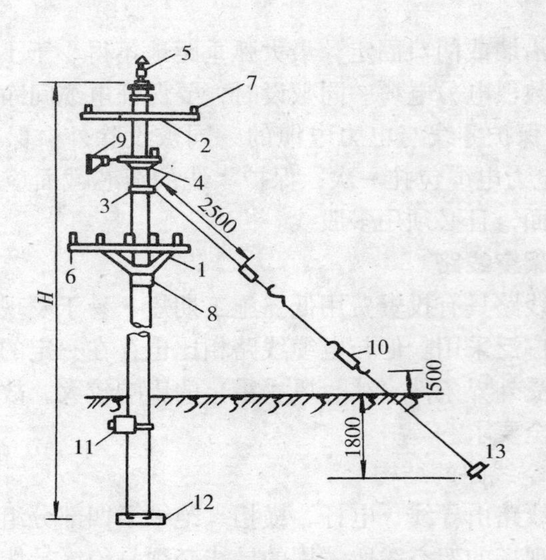

图 4－7　混凝土杆示意图

1—低压五线横担；2—高压二线横担；3—拉线抱箍；4—双横担；5—高压杆顶支座；6—低压针式绝缘子；7—高压针式绝缘子；8—蝶式绝缘子；9—悬式绝缘子或高压蝶式绝缘子；10—花篮螺栓；11—卡盘；12—底盘；13—拉线底盘

电杆型式（按用途分）　　　　表 4－8

型	式	特　点
直线型	直线杆（中间杆）	1. 正常情况下不承受沿线路方向较大的不平衡张力； 2. 断线时不能限制事故范围； 3. 紧线时不能用它来支持导线的拉力； 4. 一般不能转角，有的能转不大于 5°的小转角
耐张杆	耐张杆	1. 正常情况下能承受沿线路方向较大的不平衡张力； 2. 断线时能限制事故范围； 3. 紧线时能用以支持导线拉力； 4. 能转不大于 5°的小转角
	转角杆	特点同耐张杆，但位于线路的转角点，转角一般分 30°、45°、60°、90°几种
	终端杆	特点同转角杆，但位于线路的起端和终端，有时因受地形、地面建（构）筑物的限制转角大于 90°
	特殊杆	有跨超杆、换位杆、分支杆等

以上几种电杆见图 4－8。

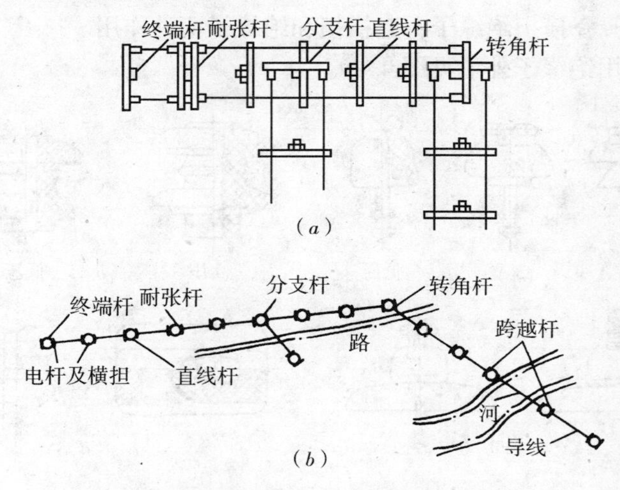

图 4－8　各种电杆在线路中的特征及应用

(*a*) 特征；(*b*) 应用

横担的主要作用是固定绝缘子，并使每根导线保持一定距离，防止风吹摆动而造成相间短路。目前采用的有铁横担、木横担、瓷横担等。

绝缘子是支持导线，使导线与地、导线与导线之间绝缘的主要元件。故绝缘子必须有良好的绝缘性能，能承受机械应力，承受气候、温度变化和承受振动而不破碎。

线路绝缘子可分为五大类：

(1) 针式绝缘子：多用于 35kV 及以下，导线截面不太大的直线杆塔和转角合力不大的转角杆塔。

(2) 蝴蝶形绝缘子：用于 10kV 及以下线路终端、耐张及转角杆塔上，作为绝缘和固定导线之用。

(3) 悬式绝缘子：使用于各级电压线路上。在沿海及污秽地区常采用防污型悬式绝缘子。

(4) 拉紧绝缘子：用于终端杆、承力杆、转角杆或大跨距杆塔上，作为拉线的绝缘，以平衡电杆所承受的拉力。

（5）瓷横担绝缘子：起横担和绝缘子两种作用。

常用绝缘子外形见图4－9。

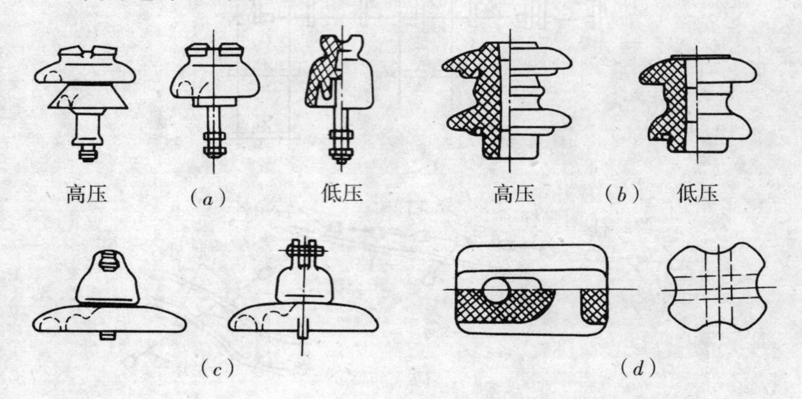

图4－9 绝缘子外形

（a）针式绝缘子；（b）蝶式绝缘子；（c）悬式绝缘子；（d）拉紧绝缘子

施工现场配电线路绝缘子的选择见表4－9。

配电线路绝缘子选择表 **表4－9**

直线杆	转角杆		30°以上转角杆及其他承力杆
	15°及以下	15°～30°	
低压针式绝缘子	低压针式绝缘子	低压双针式绝缘子	低压蝴蝶形绝缘子

2．架空线路的敷设要求

（1）架空线必须采用绝缘导线。

（2）架空线路必须设在专用的电杆上，严禁架设在树木、脚手架上。电杆应埋设在稳固的土质上，避开厚层沙土和低洼、积水场所。

（3）对电杆有如下要求：

1）混凝土杆不得有露筋、环向裂纹和扭曲，木杆不得腐朽，不得弯曲，根部须涂防水涂料或烧焦处理；

2）杆顶和横担所占位置：顶部一般留 100 ~ 300mm，两个横担之间的距离取决于线路电压等级，低压（380V）横担之间的距离为 600mm，低压转角横担上下层之间距离为 300mm，高压（10kV）横担之间的距离为 1200mm，高压转角横担上下层之间距离为 600 ~ 700mm，高压（10kV）与低压（380/220V）横担之间的距离取 1200mm，高压（10kV）与低压（380/220V）转角横担上下层之间距离为 1000mm（见图 4－10），图中 L 值见表 4－10；

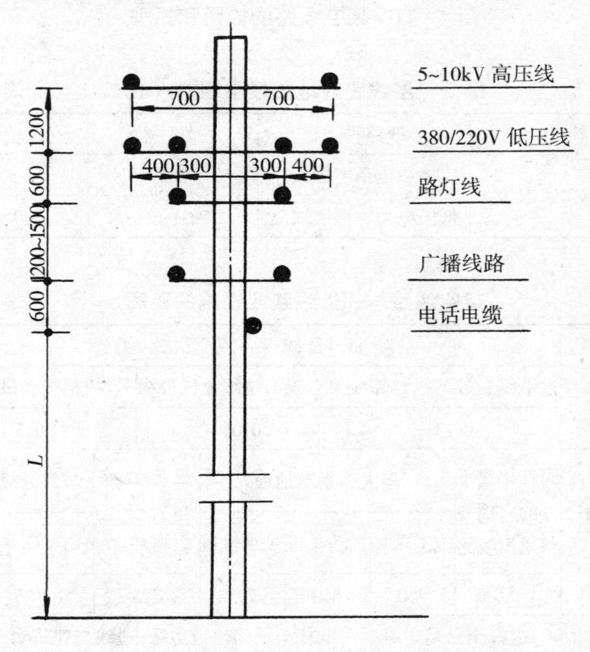

图 4－10　电杆架设总装示意图

3）弧垂：即架空线下垂的距离（见图 4－11）。为了防止在刮风时导线碰线或导线离地过近，弧垂不能过大，同时为了防止导线受拉应力过大而将导线拉断，弧垂也不能过小，架空线的弧垂与邻近道路和设施的最小距离见表 4－11；

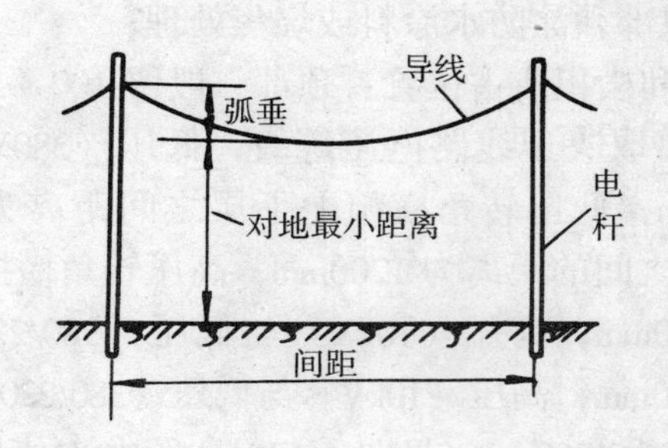

图 4－11 架空线路的档距和弧垂

最低一层线路对地面最小距离（m） 表 4－10

<table>
<tr><td rowspan="3">最低一层线路
对地面最小距离 L</td><td>线路种类</td><td>沿路平行</td><td>跨越道路</td></tr>
<tr><td>广播或电话电缆线路</td><td>3.5</td><td>5.0</td></tr>
<tr><td>低压电力、照明线路</td><td>5.0～6.0</td><td>6.0～7.0</td></tr>
</table>

架空线路与邻近线路或设施的距离 表 4－11

<table>
<tr><td>项 目</td><td colspan="7">邻 近 线 路 或 设 施 类</td></tr>
<tr><td rowspan="2">最小净空
距离（m）</td><td colspan="3">过引线、接下线与邻线</td><td colspan="2">架空线与拉线电杆外缘</td><td colspan="2">树梢摆动最大时</td></tr>
<tr><td colspan="3">0.13</td><td colspan="2">0.05</td><td colspan="2">0.5</td></tr>
<tr><td rowspan="3">最小垂直
距离（m）</td><td rowspan="2">同杆架设下方的广播线路通讯线路</td><td colspan="3">最大弧垂与地面</td><td rowspan="2">最大弧垂与暂设工程顶端</td><td colspan="2">与邻近线路交叉</td></tr>
<tr><td>施工现场</td><td>机动车道</td><td>铁路轨道</td><td>1kV 以下</td><td>1～10kV</td></tr>
<tr><td>1.0</td><td>4.0</td><td>6.0</td><td>7.5</td><td>2.5</td><td>1.2</td><td>2.5</td></tr>
<tr><td rowspan="2">最小水平
距离（m）</td><td colspan="3">电杆至路基边缘</td><td colspan="2">电杆至铁路轨道边缘</td><td colspan="2">边线与建筑物凸出部分</td></tr>
<tr><td colspan="3">1.0</td><td colspan="2">杆高＋3.0</td><td colspan="2">1.0</td></tr>
</table>

4）埋地深度：电杆埋设深度与土质有关，对一般土壤的电杆，其埋深为电杆长度的 10%＋0.7m，但在松软土质处应适当加大埋设深度或采用卡盘等加固。

5）电杆档距：两个电杆之间的水平距离成为电杆档距。架空线路的电杆档距不得大于35m，工地上根据导线截面与机械强度一般控制在不大于20m。

（4）对横担有如下要求：

1）施工现场一般采用铁横担和木横担，导线间距离：对于用针式绝缘子的1kV以下线路为0.3m，对于3~10kV为0.6m；

2）铁横担按表4-12选用，木横担截面应为80mm×80mm，横担长度应符合表4-13的规定。

3）直线杆和15°以下的转角杆，可采用单横担，但跨越机车道时应采用单横担双绝缘子，15°至45°的转角杆应采用双横担双绝缘子，45°以上的转角杆应采用十字横担。

4）横担安装位置应符合下列要求：直线杆横担应安装在负荷侧，终端杆、转角杆、分支杆以及导线张力不平衡处的横担应装在张力的反方向侧，直线电杆多层横担应装设在同一侧。

铁横担角钢型号选用表　　表4-12

导线截面（mm^2）	低压直线杆角钢横担	低压承力杆角钢横担	
		二线及三线	四线及以上
16~50	L50×5	2×L50×5	2×L63×5
70~120	L63×5	2×L63×5	2×L70×5

横担长度选用表　　表4-13

横担长度（m）		
二线	三线、四线	五线
0.7	1.5	1.8

（5）对电杆拉线有如下要求：

1）线路转角在45°及以下时，可以装设合力拉线，即在原线路和转角后线路夹角的角平分线合力的反方向打一条拉线，45°以上转角时，应分别沿两方向线路张力的反方向各打一条拉线，双排以上横担时，根据需要可以打 V 型拉线（共同拉线）。分支杆拉线应装设在电杆受张力的反方向侧。

2）拉线宜采用镀锌钢丝，其截面不得小于 3mm × 4.0mm，拉线与电杆的夹角应在 45° ~ 30°之间，拉线埋设深度不得小于 1m，钢筋混凝土杆上的拉线应在高于地面 2.5m 处装设拉紧绝缘子。

3）拉线必须在装设导线之前打好。

4）因受地形环境限制不能装设拉线时，可用撑杆代替拉线，撑杆埋深不得小于 0.8m，其底部应垫底盘或石块，撑杆与主杆的夹角宜为 30°。

(6) 对绝缘子的选择有如下要求：

1）直线杆采用针式绝缘子，具体有：PD - 1 - 3，3 号低压针式绝缘子，适用 $16mm^2$ 及以下的导线，PD - 1 - 2，2 号低压针式绝缘子，适用 $25 \sim 35mm^2$ 的导线，PD - 1 - 1，1 号低压针式绝缘子，适用 $50mm^2$ 以上的导线。

2）耐张杆采用蝶式绝缘子，又称低压茶台，始、终杆上也采用蝶式绝缘子。

3）另有 PD - 1M、PD - 2M 木担直脚针式绝缘子，适用于木横担，其脚长，可穿过木横担用螺母固定。

(7) 对架空导线的相序排列有如下要求：

1）工作零线与相线在同一横担上架设时，面向负荷从左侧起依次为：L1、N、L2、L3；

2）工作零线、保护零线与相线在同一横担上架设时，面向负荷从左侧起依次为：L1、N、L2、L3、PE；

3）动力线、照明线在两个横担上分别架设时，上层横担面向负荷从左侧起依次为：L1、L2、L3，下层横担面向负荷从左侧起依次为：L1（L2、L3）、N、PE，在两个横担上架设时，最下层横担面向负荷，最右边的导线为保护零线 PE；

4）各相相色：L1（黄）、L2（绿）、L3（红）、N（黑）、PE（黄绿双色）。

（8）对导线在绝缘子上的固定有如下要求：

1）导线在针式绝缘子上固定时，有顶槽的针式绝缘子宜放在顶槽内，无顶槽的针式绝缘子将导线放在靠电杆侧的颈槽内绑扎，转角杆的针式绝缘子将导线置于转角外侧的颈槽内。

2）导线在蝶式绝缘子上固定时，一般导线在蝶式绝缘子上的套环长度从蝶式绝缘子中心算起，导线截面在 $35mm^2$ 及以下时，不小于 200mm，$50mm^2$ 及以上时不小于 300mm。绑扎线的长度一般为 150~200mm。

3）导线如有损伤应锯断重接，如发现导线在同一截面内，损坏面积超过导线的导电部分截面积的 17%，导线呈灯笼状，其直径超过 1.5 倍的导线直径而又无法修复的，都应锯断重接。

4）当发现导线损坏截面小于导电部分 17%时可敷线修补，但敷线长度应比缺陷部分长，两端各缠绕长度不小于 100mm，然后进行绝缘包扎。对铝芯线磨损的截面应在导电部分截面积的 6%以内。

5）损坏深度在单股线直径 1/3 之内，应用同金属的单股线在损坏部分缠绕，缠绕长度应超出损坏部分两端各 30mm，然后进行绝缘包扎，导线截面磨损在导电部分的截面积 5%以内，可不作处理，只需在外部进行绝缘包扎。

（9）对接户线的架设有如下要求：

1）接户线在档距内不得有接头，进线处离地高度不得小于 2.5m。

2）接户线最小截面应符合表 4-14 的规定。

接户线的最小截面 **表 4-14**

接户线架设方式	接户线长度（m）	接户线截面（mm^2）	
		铜线	铝线
架空敷设	10~15	4.0	6.0
	≤10	2.5	4.0
沿墙敷设	10~25	4.0	6.0
	≤10	2.5	4.0

3）接户线线间及其与邻近线路间的距离应符合表 4－15 的要求。

接户线线间及其与邻近线路间的距离　　表 4－15

架设方式	档距（m）	线间距离（mm）
架空敷设	≤25	150
	＞25	200
沿墙敷设	≤6	100
	＞6	150
架空接户线与广播线、电话线交叉		接户线在上部 600 接户线在下部 300
架空或沿墙敷设的接户线零线和相线交叉		100

五、室内配线的安全要求

安装在室内的导线以及它们的支持物、固定用配件，总称为室内配线。室内配线分明敷和暗敷两种，明敷就是将导线沿屋顶、墙壁敷设，暗敷就是将导线在墙壁内、地面下及顶棚上等看不到的地方敷设。室内配线的敷设要求如下：

（1）必须采用绝缘导线；

（2）进户线过墙应穿管保护，距地面不得小于 2.5m，并应采取防雨措施，进户线的室外端应采用绝缘子固定；

（3）室内配线只有在干燥场所才能采用绝缘子或瓷（塑料）夹明敷，导线距地面高度：水平敷设时，不得小于 2.5m，垂直敷设时，不得小于 1.8m，否则应用钢管或槽板加以保护；

（4）室内配线所用导线截面，应根据用电设备的计算负荷确定，但铝线截面不得小于 $2.5mm^2$，铜线截面不得小于 $1.5mm^2$；

（5）绝缘导线明敷时，采用钢索配线的吊架间距不宜大于 12m，采用绝缘子或瓷（塑料）夹固定导线时，导线及固定点间的允许距离如表 4－16 所示，采用护套绝缘导线时，允许直接敷设于钢索上；

室内采用绝缘导线明敷时导线
及固定点间的允许距离 表 4-16

布线方式	导线截面 (mm^2)	固定点间最大允许距离 (mm)	导线线间最小允许距离 (mm)
瓷（塑料）夹	1~4 6~10	600 800	
用绝缘子固定在支架上布线	2.5~6 6~25 25~50 50~95	<1500 1500~3000 3000~6000 >6000	35 50 70 100

（6）凡明敷于潮湿场所和埋地的绝缘导线配线均应采用水、煤气钢管，明敷或暗敷于干燥场所的绝缘导线配线可采用电线钢管，穿线管应尽可能避免穿过设备基础，管路明敷时其固定点间最大允许距离应符合表 4-17 的规定；

金属管固定点间的最大允许距离（mm） 表 4-17

公称口径（mm）	15~20	25~32	40~50	70~100
煤气管固定点间距离	1500	2000	2500	3500
电线管固定点间距离	1000	1500	2000	—

（7）室内埋地金属管内的导线，宜用塑料护套塑料绝缘导线；

（8）金属穿线管必须作保护接零；

（9）在有酸碱腐蚀的场所，以及在建筑物顶棚内，应采用绝缘导线穿硬质塑料管敷设，其固定点间最大允许距离应符合表 4-18的规定；

塑料管固定点间的最大允许距离（mm） 表 4-18

公称口径（mm）	20 及以下	25~40	50 及以上
最大允许距离（mm）	1000	1500	2000

(10) 穿线管内导线的总截面积（包括外皮）不应超过管内径截面积的40%；

(11) 当导线的负荷电流大于25A时，为避免涡流效应，应将同一回路的三相导线穿于同一根金属管内；

(12) 不同回路、不同电压及交流与直流的导线，不应穿于同一根管内，但下列情况除外：

1) 供电电压在50V及以下者；

2) 同一设备的电力线路和无须防干扰要求的控制回路；

3) 照明花灯的所有回路，但管内导线总数不应多于8根。

六、配电箱和开关箱的设置和维护

配电箱是施工现场中接受外来电源并向各用电设备分配电力的装置，配电箱根据其在施工现场临时用电电气系统中所处的位置不同而分为总配电箱和分配电箱。开关箱处于临时用电电气系统中电源与用电设备之间的最后一环，是向用电设备输送电力和提供电气保护的装置。

配电箱和开关箱统称为电箱，它们是施工现场临时用电电气系统中的重要环节，相比较于配电室、架空线路或电缆线路，电箱更易于被施工现场各类人员，不管是电气专业人员还是非电气专业人员接触到，而电箱中各种元器件的设置正确与否、电箱使用与维护的得当与否，直接关系到电气系统中上至配电电线电缆，下至用电设备各个部分的电气安全，关系到现场人员的人身安全。因此，电箱的设置与维护，对于施工现场的安全生产具有极其重大的意义。

1. 配电箱和开关箱的设置原则

如前所述，配电箱和开关箱的设置原则，就是“三级配电，二级保护”和“一机一箱一闸一漏”。现场临时用电系统分总配电箱、分配电箱和开关箱三个层次向用电设备输送电力，而每一台用电设备都应有专用的开关箱，箱内应设有隔离开关和漏电保护器，而总配电箱内还应设有总漏电保护器，形成每台用电设备至少有两道漏电保护装置。

实际使用中，施工现场可根据实际情况，增加分配电箱的级数以及在分配电箱中增设漏电保护器，形成三级以上配电和二级以上保护。典型的三级配电结构图见图 4－12。

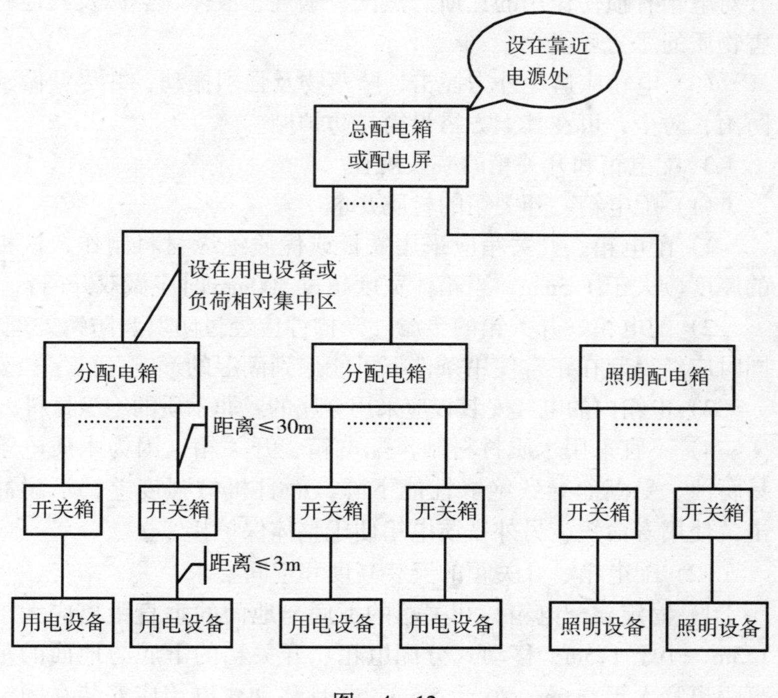

图 4－12

出于安全照明的考虑，施工现场照明的配电应与动力配电分开而自成独立的配电系统，这样就不会因动力配电的故障而影响到现场照明。

2. 配电箱和开关箱的位置选择

（1）总配电箱应设在靠近电源处，分配电箱应设在用电负荷或设备相对集中地区，分配电箱与各用电设备的开关箱之间的距离不得超过 30m，开关箱应设在所控制的用电设备周围便于操作的地方，与其控制的固定式用电设备水平距离不宜过近，防止用电设备的振动给开关箱造成不良影响，也不宜过远，便于发生故障时能及时处理，一般控制在不超过3m为宜。

（2）配电箱、开关箱应装设在干燥、通风及常温的场所，避开对电箱有损伤作用的瓦斯、蒸汽、烟气、液体、热源及其他有害物质的恶劣环境。

（3）电箱应避免外力撞击、坠落物及强烈振动，并尽量做到防雨，防尘，可在其上方搭设简易防护棚。

3. 配电箱和开关箱的装设规程

（1）配电箱、开关箱的材质要求

1）配电箱、开关箱应采用铁板或优质绝缘材料制作，铁板的厚度应大于1.5mm，当箱体宽度超过500mm时应做双开门；

2）配电箱、开关箱的金属外壳构件应经过防腐、防锈处理，同时应经得起在正常使用条件下可能遇到潮湿的影响；

3）电箱内的电气安装板应采用金属的或非木质的绝缘材料；

4）不宜采用木质材料制作配电箱、开关箱，因为木质电箱易腐蚀、受潮而导致绝缘性能下降，而且机械强度差，不耐冲击，使用寿命短，另外铁质电箱便于整体保护接零。

（2）配电箱、开关箱的安装高度和空间要求

1）固定式配电箱、开关箱的下底与地面的垂直距离应大于1.3m，小于1.5m；移动式分配电箱、开关箱的下底与地面的垂直距离宜大于0.6m，小于1.5m，并且移动式电箱应安装在固定的金属支架上（图4－13）；

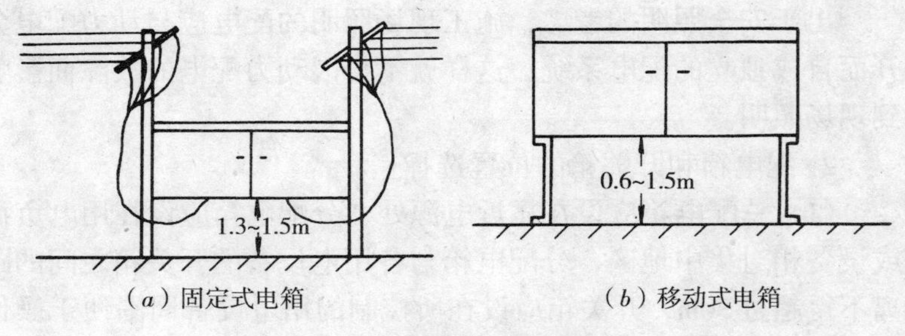

（a）固定式电箱　　（b）移动式电箱

图4－13　电箱安装示意图

2）配电箱、开关箱周围应有足够二人同时工作的空间和通道，箱前不得堆物，不得有灌木或杂草妨碍工作。

（3）电箱内电器元件的安装要求

1）电箱内所有的电气元件必须是合格品，不得使用不合格的、损坏的、功能不齐全的或假冒伪劣的产品；

2）电箱内所有电器元件必须先安装在电器安装板上，再整体固定在电箱内，电器元件应安装牢固、端正，不得有任何松动、歪斜；

3）电器元件之间的距离及其与箱体之间的距离应符合表4－19的规定；

电器元件排列间距　　表4－19

	最小间距（mm）		
仪表侧面之间或侧面与盘边	60以上		
仪表顶面或出线孔与盘边	50以上		
闸具侧面之间或侧面与盘边	30以上		
插入式熔断器顶面或底面与出线孔	插入式熔断器规格（A）	10～15	20以上
		20～30	30以上
		60	50以上
仪表、胶盖闸顶面或底面与出线孔	导线截面（mm^2）	10及以下	80
		16～25	100

4）电箱内不同极性的裸露带电导体之间以及它们与外壳之间的电气间隙和爬电距离应不小于表4－20的规定；

电气间隙和爬电距离　　表4－20

额定绝缘电压	电气间隙（mm）		爬电距离（mm）	
	≤63A	＞63A	≤63A	＞63A
$U_i \leqslant 60$	3	5	3	5
$60 < U_i \leqslant 300$	5	6	6	8
$300 < U_i \leqslant 600$	8	10	10	12

5）电箱内的电器元件安装常规是左大右小，大容量的开关电器、熔断器布置在左边，小容量的开关电器、熔断器布置在右边；

6）电箱内的金属安装板、所有电器元件在正常情况下不带电的金属底座或外壳、插座的接地端子，均应与电箱箱体一起做可靠的保护接零，保护零线必须采用黄绿双色线，并通过专用接线端子连接，与工作零线相区别。

（4）配电箱、开关箱导线进出口处的要求

1）配电箱、开关箱的电源的进出规则是下进下出，不能设在顶面、后面或侧面，更不能从箱门缝隙中引进或引出导线；

2）在导线的进、出口处应加强绝缘，并将导线卡固；

3）进、出线应加护套，分路成束并作防水弯，导线不得与箱体进、出口直接接触，进出导线不得承受超过导线自重的拉力，以防接头拉开。

（5）配电箱、开关箱内连接导线要求

1）电箱内的连接导线应采用绝缘导线，性能应良好，接头不得松动，不得有外露导电部分；

2）电箱内的导线布置要横平竖直，排列整齐，进线要标明相别，出线须做好分路去向标志，两个元器件之间的连接导线不应有中间接头或焊接点，应尽可能在固定的端子上进行接线；

3）电箱内必须分别设置独立的工作零线和保护零线接线端子板，工作零线和保护零线通过端子板与插座连接，端子板上一只螺钉只允许接一根导线；

4）金属外壳的电箱应设置专用的保护接地螺钉，螺钉应采用不小于 M8 镀锌或铜质螺钉，并与电箱的金属外壳、电箱内的金属安装板、电箱内的保护中性线可靠连接，保护接地螺钉不得兼作它用，不得在螺钉或保护中性线的接线端子上喷涂绝缘油漆；

5）电箱内的连接导线应尽量采用铜线，铝线接头万一松动的话，可能导致电火花和高温，使接头绝缘烧毁，引起对地短路故障；

6）电箱内母线和导线的排列（从装置的正面观察）应符合表4－21的规定。

电箱内母线和导线的排列　　　　表4－21

相　别	颜　色	垂直排列	水平排列	引下排列
A	黄	上	后	左
B	绿	中	中	中
C	红	下	前	右
N	蓝	较下	较前	较右
PE	黄绿相间	最下	最前	最右

（6）配电箱、开关箱的制作要求

1）配电箱、开关箱箱体应严密、端正，防雨、防尘，箱门开、关松紧适当，便于开关；

2）所有配电箱和开关箱必须配备门、锁，在醒目位置标注名称、编号及每个用电回路的标志；

3）端子板一般放在箱内电器安装板的下部或箱内底侧边，并做好接线标注，工作零线、保护零线端子板应分别标注N、PE，接线端子与电箱底边的距离不小于0.2m。

4.配电箱和开关箱的电器选择原则

配电箱、开关箱内的开关电器的选择应能保证在正常和故障情况下可靠分断电源，在漏电的情况下能迅速使漏电设备脱离电源，在检修时有明显的电源断开关，所以配电箱、开关箱的电器选择应注意以下几点：

（1）电箱内所有的电器元件必须是合格品；

（2）电箱内必须设置在任何情况下能够分断、隔离电源的开关电器；

（3）总配电箱中，必须设置总隔离开关和分路隔离开关，分配电箱中必须设置总隔离开关，开关箱中必须设置单机隔离开关，隔离开关一般用作空载情况下通、断电路；

（4）总配电箱和分配电箱中必须分别设置总自动开关和分路自动开关，自动开关一般用作在正常负载和故障情况下通、断电路；

（5）总配电箱和开关箱中必须设置漏电保护器，漏电保护器用于在漏电情况下分断电路；

（6）配电箱内的开关电器和配电线路需一一对应配合，作分路设置，总开关电器与分路开关电器的额定值、动作整定值应相适应，确保在故障情况下能分级动作；

（7）开关箱与用电设备之间实行一机一闸制，防止一机多闸带来误动作出事故，开关箱内的开关电器的额定值应与用电设备相适应；

（8）手动开关电器只能用于5.5kW以下的小容量的用电设备和照明线路，手动开关通、断电速度慢，容易产生强电弧，灼伤人或电器，故对于大容量的动力电路，必须采用自动开关或接触器等进行控制。

5. 配电箱和开关箱的电器选择方法

（1）配电箱和开关箱的电器设置

1）总配电箱内应装设总隔离开关和分路隔离开关、总自动开关和分路自动开关（或总熔断器和分路熔断器）、漏电保护器、电压表、总电流表、总电度表及其他仪表。总开关电器的额定值、动作整定值应与分路开关电器的额定值、动作整定值相适应。若漏电保护器具备自动空气开关的功能则可不设自动空气开关和熔断器。

2）分配电箱内应装设总隔离开关、分路隔离开关、总自动开关和分路自动开关（或总熔断器和分路熔断器），总开关电器的额定值、动作整定值应与分路开关电器的额定值、动作整定值相适应。必要的话，分配电箱内也可装设漏电保护器。

3）开关箱内应装设隔离开关、熔断器和漏电保护器，漏电保护器的额定动作电流应不大于30mA，额定动作时间应小于0.1s（36V及以下的用电设备如工作环境干燥可免装漏电保护器）。若漏电保护器具备自动空气开关的功能则可不设熔断器。每台用电设备应有各自的专用开关箱，实行“一机一闸”制，严禁用同一个开关直接控制二台及二台以上用电设备（含插座）。

（2）电器的性能特点和选择方法

1）隔离开关：

隔离开关的主要用途是保证电气检修工作的安全，它能将电气系统中需要修理的部分与其他带电部分可靠地断开，具有明显的分断点，故其触头是暴露在空气中的。

隔离开关无灭弧装置，所以不允许切断负荷电流和短路电流，否则电弧不仅使隔离开关烧毁，而且可能发生严重的短路故障，同时电弧对工作人员也会造成伤亡事故。因此，在电气线路已经切断电流的情况下，用隔离开关可以可靠地隔断电源，确保在隔离开关以后的配电装置不带电，保证电气检修工作的安全。

施工现场常用的隔离开关主要由HD系列刀开关、HK2系列开启式负荷开关、HR5系列带熔断器式开关和HG系列刀开关等。这类刀开关在配电箱和开关箱中一般用于空载接通和分断电路，也可用于直接控制照明和不大于5.5kW的动力线路。当用于启动异步电动机时，其额定电流应不小于电动机额定电流的三倍。

刀开关的额定电流有30，60，100，200，300，……，1500A等多种等级，选择刀开关应根据电源类别、电压、电流、电动机容量、极数等来考虑，其额定电压应不小于线路额定电压，额定电流应不小于线路额定电流。

2）熔断器：

熔断器是用来防止电气设备长期通过过载电流和短路电流的保护元件。它由金属熔件（又称熔体、熔丝）、支持熔件的接触结构和外壳组成。

A. 常用的低压（380V）熔断器型号：

a. 无填料密闭管式熔断器，这种熔断器必须配用特制的熔丝，极限断流能力较高，熔体更换方便，适用于对断流容量要求不很高的场所。其主要性能见表4－22。

无填料熔断器主要技术数据　　表4－22

型号	额定电压（V）	额定电流（A）	分断能力（A）
RM10	380	6～15	1200
		15～60	3500
		100～350	10000
		350～600	12000

b. 有填料封闭管式熔断器，这是一种高分断能力的熔断器，断流容量高，性能稳定，运行可靠，但熔体更换不方便。其主要性能见表4－23。

有填料熔断器主要技术数据　　表4－23

型式	型号	额定电压（V）	额定电流（A）	分断能力（kA）
刀型触头熔断器	RTO	380	4～1000	50
螺旋式熔断器	RL1	380	2～200	25
圆筒形帽熔断器	RT14	380	2～63	100
保护半导体器件熔断器	RS0	250，500	10～480	50

c. 半封闭插入式熔断器，这种熔断器安装和更换方便，安全可靠，价格最便宜，主要用于线路末端作短路保护。其主要性能见表4－24。

半封闭插入式熔断器主要技术数据　　表 4-24

型号	额定电压（V）	额定电流（A）	分断能力（A）
RC1A	380	5	250
		10~15	500
		30	1500
		60~200	3000

B. 熔断器选择：

熔断器的选择，除按额定电压、环境要求外，主要是选出熔体和熔管的额定电流，现分述如下：

a. 熔断器熔体（丝）额定电流的确定应同时满足下列两个条件：

(a) 正常运行情况：熔体额定电流 I_{er} 应不小于回路的计算符合电流 I_j，即

$$I_{er} \geq I_j$$

(b) 启动情况：正常的短时过负荷。

对于单台电动机回路：

$$I_{er} \geq \frac{I_{Dq}}{\alpha}$$

用电设备组的配电干线：

$$I_{er} \geq \frac{I_{Dq1} + I_{j(n-1)}}{\alpha}$$

式中　I_{er}——熔体额定电流；

I_{Dq}——电动机起动电流；

I_{Dq1}——回路中最大一台电动机的起动电流；

$I_{j(n-1)}$——回路中除去启动电流最大的一台电动机外的计算电流；

α——熔丝躲过启动电流的安全系数，决定于启动状况和熔断器特性的系数（见表 4-25）。

α 系数 **表 4-25**

熔断器型号	熔体材料	熔体电流	α 值	
			电动机轻载启动	电动机重载启动
RT0	铜	50A 及以下 60~200A 200A 以上	2.5 3.5 4	2 3 3
RM10	锌	60A 及以下 80~200A 200A 以上	2.5 3 3.5	2 2.5 3
RL1	铜、银	60A 及以下 80~100A	2.5 3	2 2.5
RC1A	铅、铜	10~200A	3	2.5

电焊机供电回路（单台电焊机）：

$$I_{er} \geq K_{\alpha} \cdot K_{f} \cdot I_{g}$$

式中 K_{α}——安全系数，取 1.1；

K_{f}——负荷尖峰系数，取 1.1；

I_{g}——计算工作电流，按下式计算：

$$I_{g} = \frac{P_{e}}{U_{e}\cos\varphi} \cdot \sqrt{JC} \cdot 1000$$

式中 P_{e}——电焊机额定功率，kW；

U_{e}——一次侧额定电压，V；

JC——电焊机的额定暂载率；

$\cos\phi$——功率因数，如无铭牌，一般可取 0.5。

接于单相线路上的多台电焊机 $I_{er} \geq K \cdot \sum I_{g}$

式中，K 为一系数，三台及三台以下时取 1.0，三台以上取 0.65。

照明供电回路：熔体额定电流应不小于回路总计算电流。

b. 熔断器（熔管）额定电流的确定：

按熔体的额定电流及产品样本数据可确定熔断器的额定电流，同时熔断器的最大分断电流应大于熔断器安装处的冲击短路电流有效值。

c. 熔断器选择的要点：

(a) 为保证前后级熔断器动作的选择性，一般要求前一级熔体电流应比下一级熔体电流大 2 ~ 3 级；

(b) 用熔断器保护线路时，熔体的额定电流应不大于导体允许载流量的 250%。(从躲开电动机启动电流考虑)，但对明敷绝缘导线应不大于 150%，否则对导线起不到保护作用。

3) 自动空气开关：

自动空气开关，又称低压自动空气断路器，它不同于隔离开关，具有良好的灭弧性能，既能在正常工作条件下切断负载电流，又能在短路故障时自动切断短路电流，靠热脱扣器能自动切断过载电流，当电路失压时也能实现自动分断电路。因而这种开关被广泛使用于施工现场。

施工现场自动空气开关一般采用 DZ 型装置式，其最大额定电流为 600A，具有过载保护和失压保护功能，根据其使用的脱扣器的不同而具有短路保护或瞬时和延时过电流保护。

表示自动空气开关性能的主要指标有二：一是通断能力，即开关在指定的使用和工作条件下，能在规定的电压下接通和分断的最大电流值（交流以周期分量有效值表示）；二是保护特性，分过电流保护、过载保护和欠电压保护等三种。过电流保护是自动空气开关的主要元件之一，能有选择性的切除电网故障并对电气设备起到一定的保护作用；当负荷电流超过自动空气开关额定电流的 1.1 ~ 1.45 倍时，能在 10s ~ 120min（可调整）内自动分闸，实现过载保护；欠电压保护能保证当电压小于额定电压的 40%时自动分断，当电压大于额定电压的 75%时不分断。

A. 自动空气开关的选择应满足以下条件：

a. 额定电压应不小于回路工作电压；

b. 额定电流应不小于回路的计算电流；

自动空气开关有三个电流：断路器的额定电流（即主触头的额定电流）I_e、电磁脱扣器（或瞬时脱扣器的额定电流）的额定

电流 I_{ed} 和热脱扣器（或延时脱扣器）的额定电流 I_{er}，设回路的计算电流为 I_j，则这几个电流之间应满足以下关系：

$$I_e \geq I_{ed} \geq I_{er} \geq I_j$$

c. 对于动作时间不大于 0.02s 的断路器，其分断电流应不小于短路冲击电流；对于动作时间大于 0.02s 的断路器，其分断电流应不小于短路电流。

B. 自动空气开关的电流整定

a. 瞬时或短延时过流脱扣器的整定电流按躲过电路中的尖峰电流来计算，应有下式：

$$I_{dzd} \geq K_{k1} \geq I_{jf}$$

式中 I_{dzd}——瞬时或短延时过电流脱扣器的整定电流；

K_{k1}——可靠系数。对动作时间大于 0.02s 的空气开关（如 DW 型），取 1.3 ~ 1.35；对动作时间不大于 0.02s 的空气开关（如 DZ 型），取1.7 ~ 2.0；

I_{jf}——线路尖峰负荷，其计算方法如下：

单台电动机：$I_{jf} = I_{Dq}$

多台电动机：$I_{jf} = \sum I_{eD} + (I_{*Dq} - 1) \cdot I_{eDmax}$

式中 I_{Dq}——电动机启动电流；

$\sum I_{eD}$——各台电动机额定电流之和；

I_{eDmax}——启动电流最大的一台电动机的额定电流；

I_{*Dq}——电动机的启动电流倍数（标幺值）。

b. 长延时过流脱扣器或热脱扣器的整定电流按线路计算负荷电流来计算，应有下式：

$$I_{dzg} \geq K_{k2} \cdot I_j$$

$$I_{dzr} = K_{k3} \cdot I_j$$

式中 I_{dzg}——长延时过流脱扣器的整定电流；

I_{dzr}——热脱扣器的整定电流；

K_{k2}——可靠系数，取 1.1；

K_{k3}——可靠系数，取 1.0 ~ 1.1。

热元件的额定电流和热脱扣器的额定电流按下式配合：

$$I_{dzr} = (0.8 \sim 0.9)\ I_{er}$$

c. 过电流脱扣器与导线允许载流量的配合：

为了使自动空气开关在配电线路过负荷或短路时，能可靠的保护电缆及导线不至于过热而熔断，应使过电流脱扣器的整定电流 I_{dzd} 与导线或电缆的允许持续电流 I_{xu} 按下式配合：

$$\frac{I_{dzd}}{I_{xu}} \leq 4.5$$

6. 配电箱和开关箱的使用规程

(1) 各配电箱、开关箱必须作好标志。

为加强对配电箱、开关箱的管理，保障正确的停、送电操作，防止误操作，所有配电箱、开关箱均应在箱门上清晰地标注其编号、名称、用途，并作分路标志。

所有配电箱、开关箱必须专箱专用，不得随意另行挂接其他临时用电设备。

(2) 配电箱、开关箱必须按序停、送电。

为防止停、送电时电源手动隔离开关带负荷操作，以及便于对用电设备在停、送电时进行监护，配电箱、开关箱之间应遵循一个合理的操作顺序，停电操作顺序应当是从末级到初级，即用电设备→开关箱→分配电箱→总配电箱（配电室内的配电屏）；送电操作顺序应当是从初级到末级，即总配电箱（配电室内的配电屏）→分配电箱→开关箱→用电设备。若不遵循上述顺序，就有可能发生意外操作事故。送电时，若先合上开关箱内的开关，后合配电箱内的开关，就有可能使配电箱内的隔离开关带负荷操作，产生电弧，对操作者和开关本身都会造成损伤。

(3) 配电箱、开关箱必须配门锁。

7. 配电箱和开关箱的维护规程

(1) 配电箱、开关箱必须每月进行一次检查和维护，定期巡检，检修由专业电工进行，检修时应穿戴好绝缘用品。

(2) 检修配电箱和开关箱时，必须将前一级配电箱的相应的电源开关拉闸断电，并在线路断路器（开关）和隔离开关（刀闸）把手上悬挂停电检修标志牌（图 4－14），检修用电设备时，必须将该设备的开关箱的电源开关拉闸断电，并在断路器（开关）和隔离开关（刀闸）把手上悬挂停电检修标志牌（图 4－15），不得带电作业。在检修地点还应悬挂工作指示牌（图 4－16）。

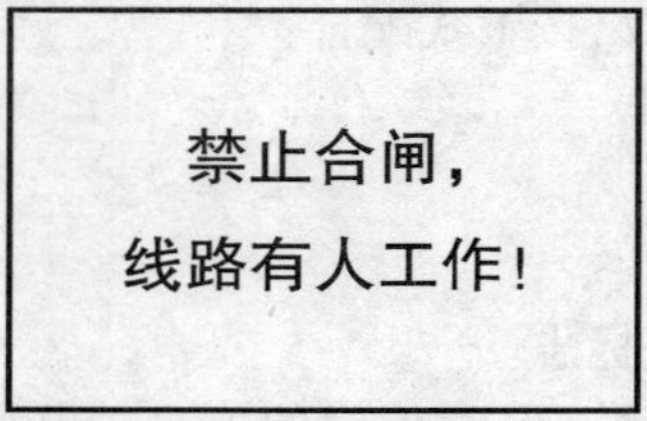

禁止合闸，
线路有人工作！

图　4－14
尺寸：200mm×100mm
80mm×50mm
红底白字

禁止合闸，
有人工作！

图　4－15
尺寸：200mm×100mm
80mm×50mm
白底红字

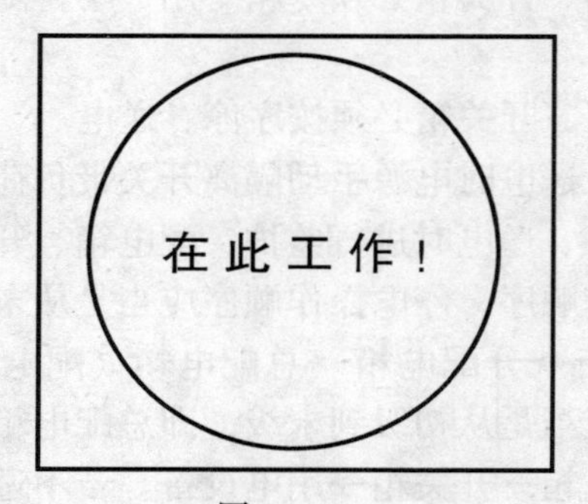

图　4－16
尺寸：250mm×250mm
绿底，中有直径 210mm
白圆圈，黑字写于白圆圈

（3）配电箱、开关箱应保持整洁，箱内不得放置任何杂物。

（4）箱内电器元件的更换必须坚持同型号、同规格、同材料更换。

8．常用配电箱、开关箱布置图及接线图

布置图及接线图详见图 4－17～图 4－24。

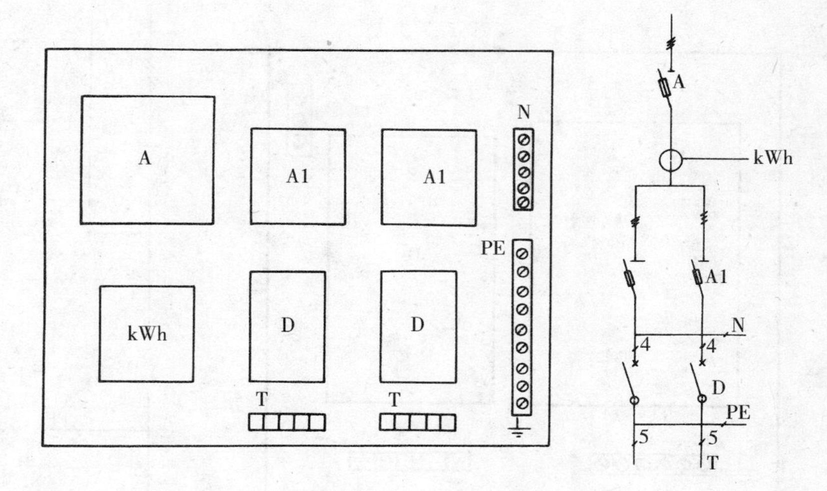

图 4－17　总配电箱

A—HR5－400/3 隔离开关；kWh—DT862－2 电度表；A1—HR5－200/3 隔离开关；
D—DZ10L－250/4 漏电断路器；N—工作零线端子排；PE—保护零线端子排；
T—三相五线接线端子

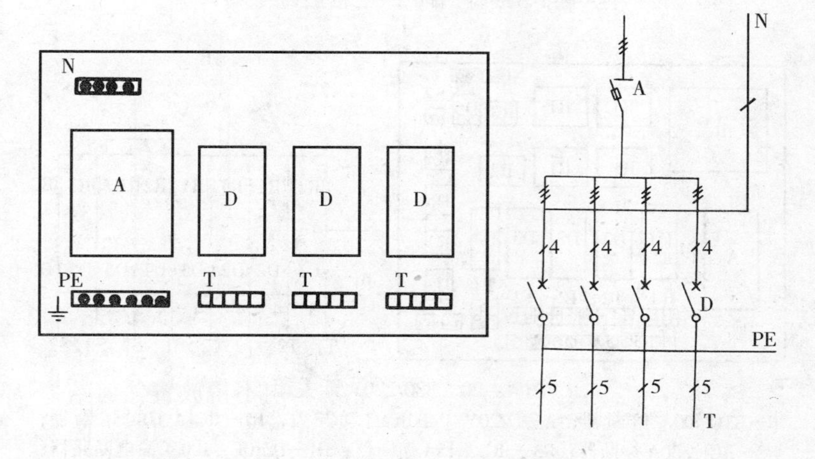

图 4－18　分配电箱

A—HR5－100/3 隔离开关；D—DZ10L－40/4 漏电断路器；N—工作零线端子排；
PE—保护零线端子排；T—三相五线接线端子

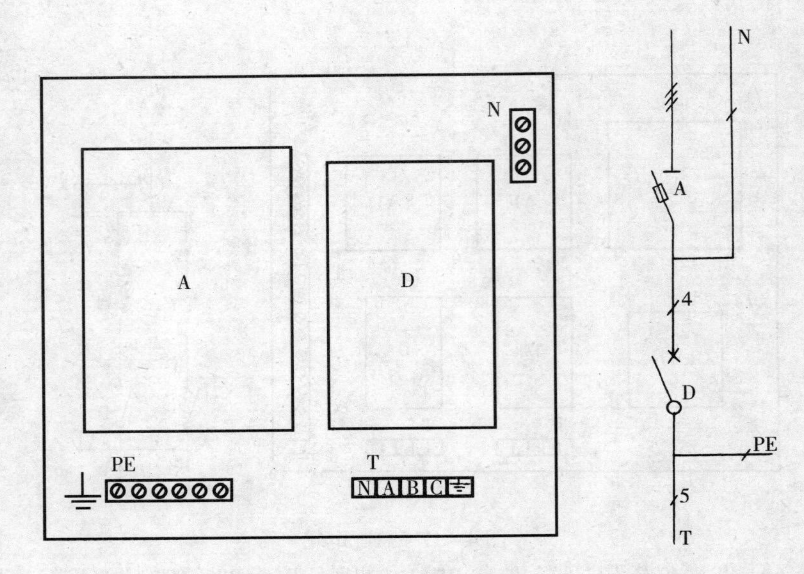

图 4－19　单机开关箱

A—HR5－200/3 隔离开关；D—DZ10L－250/4 漏电断路器；N—工作零线端子排；PE—保护零线端子排；T—三相五线接线端子

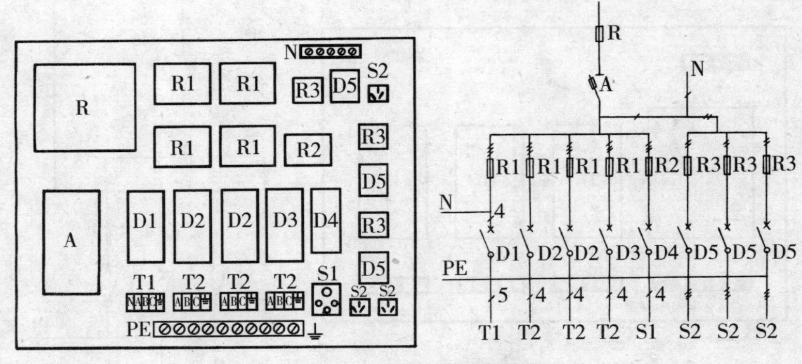

图 4－20　380/220V 开关箱

R—RTO 400A 熔断器；A—DZ20Y－400A 自动开关；R1—RC1A 60A 熔断器；R2—RC1A 30A 熔断器；R3—RC1A 15A 熔断器；D1—DZ10L－100/4 漏电断路器；D2—DZ10L－100/3 漏电断路器；D3—DZ10L－63/3 漏电断路器；D4—DZ10L－40/3 漏电断路器；D5—DZ10L－20/2 漏电断路器；T1—三相五线接线端子；T2—三相四线接线端子；S1—三相四线圆孔 20A 插座；S2—单相三线扁孔 10A 插座；N—工作零线端子排；PE—保护零线端子排

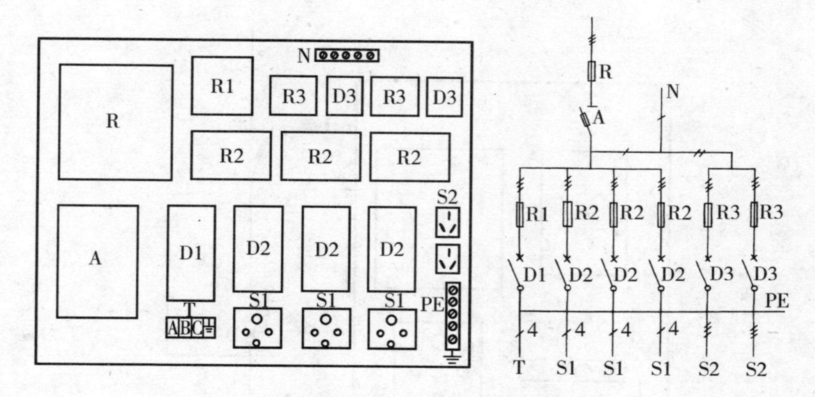

图 4-21 380/220V 开关箱

R—RC1A 200A 熔断器；A—DZ20Y-200A 自动开关；R1—RC1A 60A 熔断器；R2—RC1A 30A 熔断器；R3—RC1A 15A 熔断器；D1—DZ10L-63/3 漏电断路器；D2—DZ10L-40/3 漏电断路器；D3—DZ10L-20/2 漏电断路器；T—三相四线接线端子；S1—三相四线圆孔 20A 插座；S2—单相三线扁孔 10A 插座；N—工作零线端子排；PE—保护零线端子排

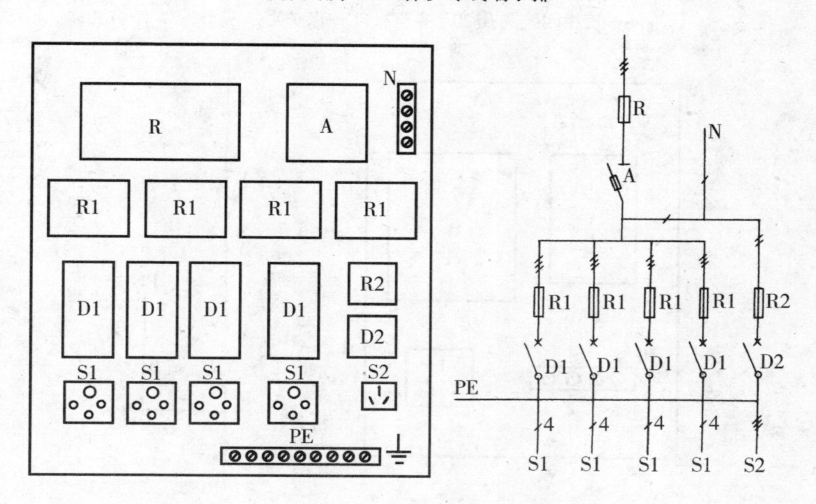

图 4-22 380/220V 开关箱

R—RC1A 100A 熔断器；A—DZ10-100A 自动开关；R1—RC1A 30A 熔断器；R2—RC1A 15A 熔断器；D1—DZ10L-40/3 漏电断路器；D2—DZ10L-20/2 漏电断路器；S1—三相四线 20A 圆孔插座；S2—单相三线扁孔 10A 插座；N—工作零线端子排；PE—保护零线端子排

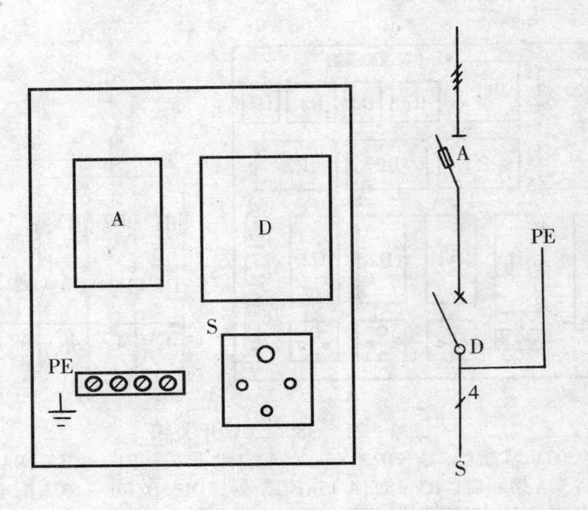

图 4-23　380V 开关箱

A—HG30-32/3 隔离开关；D—AB62-40/3 漏电开关；

S—三相四线圆孔 20A 插座；PE—保护零线端子排

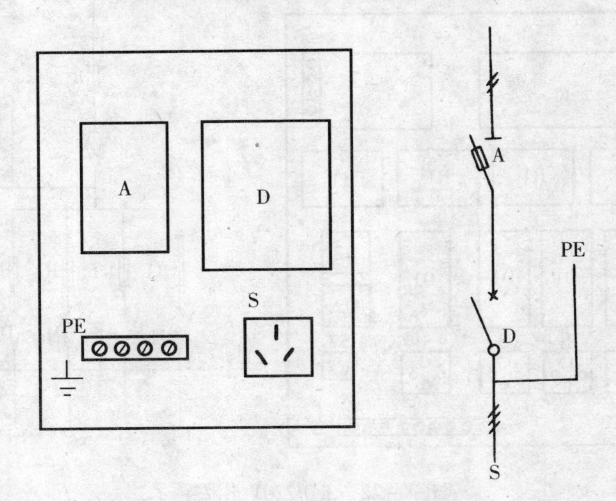

图 4-24　220V 开关箱

A—HG30-32/2 隔离开关；D—AB62-20/2 漏电开关；

S—单相三线扁孔 10A 插座；PE—保护零线端子排

七、施工现场常用电气保护装置

1. 漏电保护器

漏电保护器是施工现场临时用电系统中常用的保护装置，它能在被保护电路中的漏电值达到或超过额定值时迅速切断电源，以实现防止触电，排除故障的目的。

漏电保护器按其工作原理可分为电压动作型和电流动作型两种，而目前大都采用电流动作型漏电保护器。

电流动作型漏电保护器由主开关、零序电流互感器、电压放大器和脱扣器等构成，在正常情况下，主电路三相电流的相量和等于零，因此零序电流互感器的次级线圈没有信号输出，但当有漏电或发生触电时，主电路三相电路的相量和不等于零，此时，零序电流互感器就有输出电压，此输出电压经放大后加在脱扣装置的动作线圈上，脱扣装置动作，将主开关断开，切断故障电路。从零序电流互感器检测到开关切断电路，其全过程一般约在0.1s以内，因而能有效的起到触电保护的作用（图4－25）。

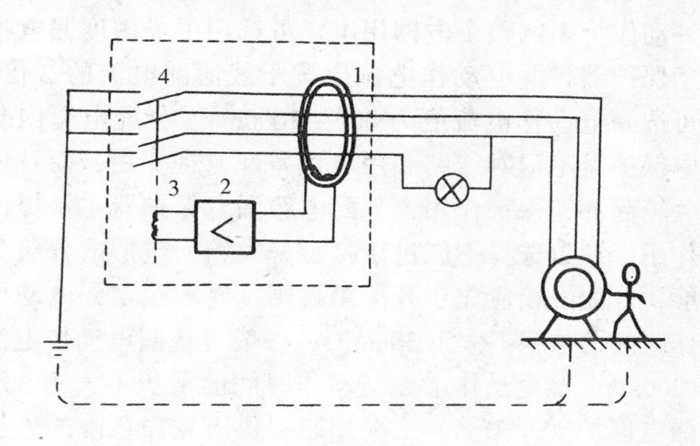

图4－25　电流动作型漏电保护器原理图

1—零序电流互感器；2—电压放大器；3—脱扣装置；4—主开关

（1）漏电保护器的选择应满足以下条件：

1）额定电压应不小于回路工作电压。

2）额定电流应不小于回路的计算电流。

3）极数应与被保护线路相符。

4）合理选择各项参数。

漏电保护器主要参数有：额定漏电动作电流、额定漏电不动作电流、动作时间。额定漏电动作电流是指漏电保护器必须动作的漏电电流值，额定漏电不动作电流是指漏电保护器必须不动作的漏电电流值。为避免影响正常工作，在设定漏电保护器的参数时，要求额定漏电不动作电流不小于线路和设备正常泄漏电流最大值的两倍，动作时间不大于1s。

另外，漏电保护器应按不同对象做到分级、分片保护，保护器动作时仅切断与故障有关部分，不影响正常线路供电。在施工现场，所有用电设备必须采取至少二级漏电保护，必要时还可增加中间级漏电保护，在总配电箱内装设初级漏电保护，在开关箱内装设末级漏电保护，必要时在分配电箱设中级漏电保护，初级漏电保护（总配电箱）要求的灵敏度不要太高，因为它一动作将影响整个电网用电，可选用中灵敏度漏电报警和延时型保护器，漏电动作电流应按干线泄漏电流的2倍选用，一般可选漏电动作电流值为300～1000mA。分配电箱内装设中级漏电保护器不但对线路和用电设备起监视作用，而且还可以对开关箱起补充保护作用，分配电箱漏电保护器主要提供间接保护作用，参数选择不能过于接近开关箱，应形成分级分段保护功能，分配电箱应先于开关箱跳闸，要求额定漏电动作电流与动作时间的乘积不大于30mA·s，一般可选漏电动作电流值为100～200mA，漏电动作电流与动作时间的乘积不大于30mA·s。末级漏电保护（开关箱）主要用来提供有致命危险的人身触电防护，应选用高灵敏度、快速动作型，要求额定漏电动作电流与动作时间的乘积不大于3mA·s，即在开关箱内，若是处在一般场所，要求额定漏电动作电流不大于30mA，额定漏电动作时间不大于0.1s，而若是处在潮湿、易腐蚀场所，则要求额定漏电动作电流不大于15mA，额定漏电动作时间不大于0.1s。各级漏电保护器的参数必须匹配，前一级的参数应大于后一级的参数，达到分级保护的目的。

（2）漏电保护器的安装接线应符合下列要求：

1）漏电保护器应靠近负荷端，安装在配电箱或天关箱内隔离开关的负荷侧；

2）漏电保护器的电源侧应接供电电源进线，而负载侧接被保护线路或设备，严禁反接；

3）工作零线必须经过漏电保护器，而保护零线不得接入漏电保护器；

4）工作零线在经过漏电保护器后不得再作重复接地（图4-26）；

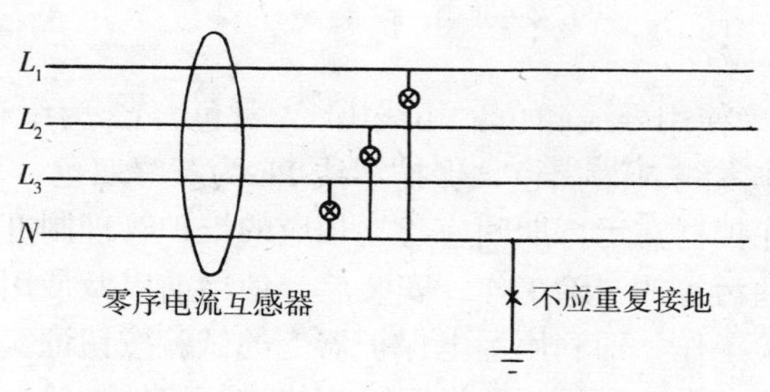

图 4-26

5）漏电保护器负载侧的工作零线，不得与其他回路共用，严禁在各回路之间串接或跨接工作零线（图4-27、图4-28）；

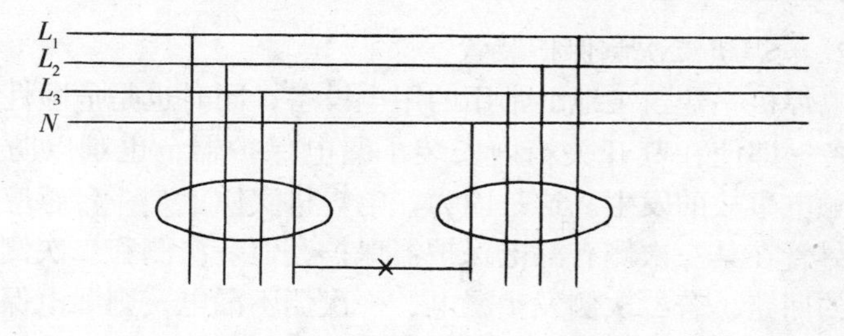

图 4-27

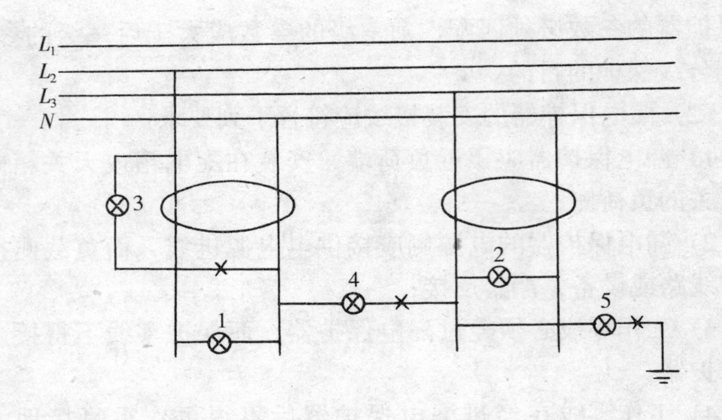

图 4-28

1、2—正确；3、4、5—错误

6）正确使用导线颜色，相线L1为黄色，L2为绿色，L3为红色，工作零线N为黑色，保护零线PE为黄绿双色。

漏电保护器在运行期间应建立相应的维护管理制度，定期进行灰尘、油污等的清除工作，安装后、使用前以及使用中的每个月进行试验工作，即利用漏电保护器上的试验按钮证实漏电保护器是否工作正常，利用试验电阻对相线进行接地试验，确认无误动作后方可投入运行，有条件的话可以利用漏电保护装置测试仪对漏电保护器进行测试，漏电保护装置测试仪的使用方法见第十章。梅雨季节应增加试验次数，使漏电保护器能正常可靠地运行。

2. 电焊机二次侧保护装置

电焊机是建筑工地上常用的用电设备，同时也是危险性较高的设备，即使在其开关箱内安装了漏电保护器，也难以防止漏电、触电事故的发生。这是因为，电焊机实质上是一台感应变压器，尽管在其一次侧有漏电保护器保护，但一次侧和二次侧分属不同的回路，若二次侧发生漏电，一次侧不漏电，则漏电保护器是无法检测到漏电的，也就无法起到保护作用。

电焊机在开始工作时因需要引弧以使空气电离，因而二次侧的电压要求较高（70～90V），而一旦引弧成功，空气成为导体，为使电流不致过大，需要将二次侧电压降低到20V左右，以便正常工作。由此可见，电焊机的危险在于空载时的电压较高，超出了安全电压，若此时发生漏电，则由于漏电发生在二次回路，一次回路的电流相量和仍然为零，装设在一次回路的漏电保护器不会动作而使漏电故障长时间存在。这是相当危险的，因此必须加装二次侧保护装置。

二次侧保护装置能自动检测二次侧是否处于工作状态，当检测到二次侧断路时，即不处于工作状态时，保护装置能自动降低一次侧电压，从而使二次侧电压降低到36V安全电压以下，达到安全的目的；而当检测到二次侧短路时，即处于工作状态时，保护装置能自动提升电压，从而使二次侧电压提升到70V以上，引弧成功后，二次侧电压又迅速降低。可见装了保护装置后，在电焊的整个过程中，二次侧存在危险电压的时间非常短，并且产生危险电压的条件是二次侧短路，从产生条件和存在时间上严格控制了危险电压，产生触电的可能性大为降低，从而使电焊机二次侧的安全性大为提高。

上述这种二次侧保护装置属纯降压型，其结构简单，质量稳定，性能可靠，日常维护也较方便。其缺点是由于刚开始引弧时电压较低（有一个升压过程），因此电焊机引弧较为困难。目前已有电焊机保护器产品采用低电压高频谱窄脉冲引弧，其引弧电压平均值为12～15V，0.2ms窄脉冲的峰值比常规70V空载电压高一倍，比36V高四倍，容易引弧，达到了安全引弧的目的，此外它还带有一次侧漏电保护器，做到了一次侧、二次侧全保护。这种保护装置是特低电压型的，还有一种电流型触电保护器，它不降低电焊机二次侧电压，能将触电电流和焊接电流分别处理，当触电电流达到15～30mA时即跳闸切断电焊机一次侧电源，达到真正的电流保护的目的。

这两种电焊机触电保护器解决了保证安全和引弧难之间的矛盾，是较理想的保护器。但是即使安装了触电保护器，仍需注意安全操作，注意日常的检查和维护，确保保护装置能正常工作。电焊机二次侧接焊件的一端必须做好保护接零，切不可将接焊钳的一端接零或接地（图 4－29）。电焊机的二次侧接线及电焊钳必须采用 YH 电焊机用铜芯软电缆或 YHL 电焊机用铝芯软电缆，并做好日常维护检查，防止电缆出现绝缘层老化和破损现象。

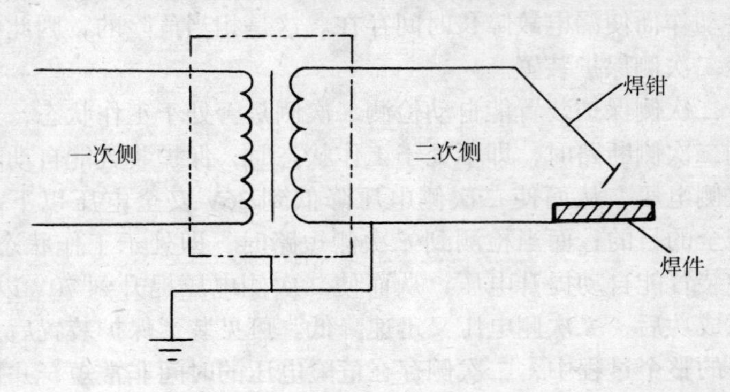

图 4－29

5 施工现场接地与防雷的基本要求及做法

施工现场的电气设备、用电设备因所处环境条件比较恶劣，施工周期较长等原因，常会出现因绝缘老化或机械损伤等因素造成的设备金属外壳带电，这种现象称为漏电，若不及时采取措施，万一有人体触及，就会发生触电或电击事故。当人体与故障情况下变为带电的外露导电部分的接触称为间接接触，由于建筑施工现场临时用电的移动性、流动性、露天性等的恶劣影响，间接接触的触电现象以及雷击事故往往比直接触电现象更为普遍，造成的危害也更大。所以，除了采取防止直接触电的安全措施以外，还必须采取防止间接触电的安全措施。

这些安全措施包括接地、接零措施以及施工现场的防雷措施。

5.1 接地与接零

一、接地

电气设备的任何部分与土壤间作良好的电气连接，称为接地。直接与大地接触的金属导体组，称为接地体。电气设备接地部分与接地体连接用的金属导体，称为接地线。接地线和接地体的总和，称为接地装置。

当电气设备发生接地短路时，电流通过接地体向大地作半球形散开，因为球面积与半径的平方成正比，所以半球形的面积随着远离接地体而迅速增大。因此，与半球形面积对应的土壤电阻随着远离接地体而迅速减小，至离开接地体 20m 处，半球形面积达 2500m²，土壤电阻已小到可以忽略不计。故可认为远离接地体 20m 以外，地中电流所产生的电压降已接近于零。电工上通常所说的“地”，就是零电位。理论上的零电位在无穷远处，实际上距离接地体 20m 处，已接近零电位，距离 60m 处则是事实上的“地”。反之接地体周围 20m 以内的大地，不是“地”（零电位）。

在中性点对地绝缘的电网中带电部分意外碰壳时，接地电流将通过接触碰壳设备的人体和电网与大地之间的电容构成回路，流过故障点的接地电流主要是电容电流（如图 5－1 所示），在一般情况下，此电流是不大的。但是如果电网分布很广，或者电网绝缘强度显著下降，这个电流可能达到危险程度，因此有必要采取安全措施。

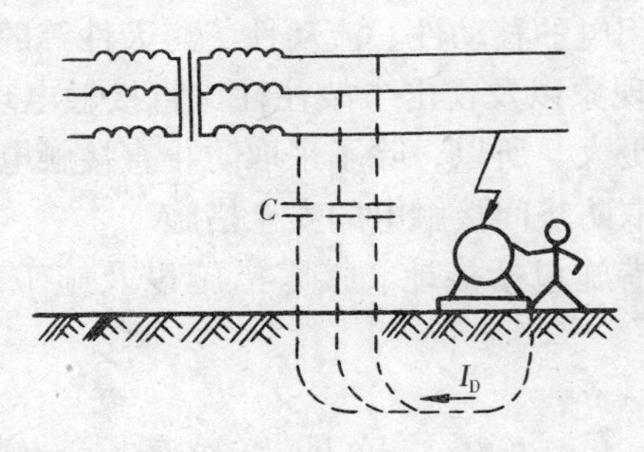

图 5－1　不接地的危险

如果电气设备采取了接地措施，这时通过人体的电流仅是全部接地电流的一部分（如图 5－2 所示），显然，接地电阻是与人体电阻并联的，接地电阻越小，流经人体的电流也越小，如果限制接地电阻在适当的范围内，就能保障人身安全。所以在中性点不接地系统中，凡因绝缘损坏而可能呈现对地电压的金属部分（正常时是不带电的）均应接地。

二、接零

接零，就是把电气设备在正常情况下不带电的金属部分与电网的零线紧密连接，有效地起到保护人身和设备安全的作用。

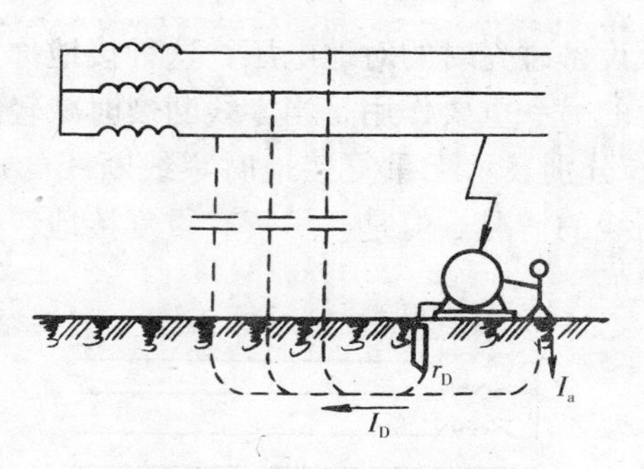

图 5－2　保护接地原理图

在变压器中性点直接接地的三相四线制系统中，通常采用接零作为安全措施，这是因为，电气设备接零以后，如果一相带电部分碰连设备外壳，则通过设备外壳形成相线对零线的单相短路（如图 5－3 所示），短路电流总是超出正常电流许多倍，能使线路上的保护装置迅速动作，从而使故障部分脱离电源，保障安全。

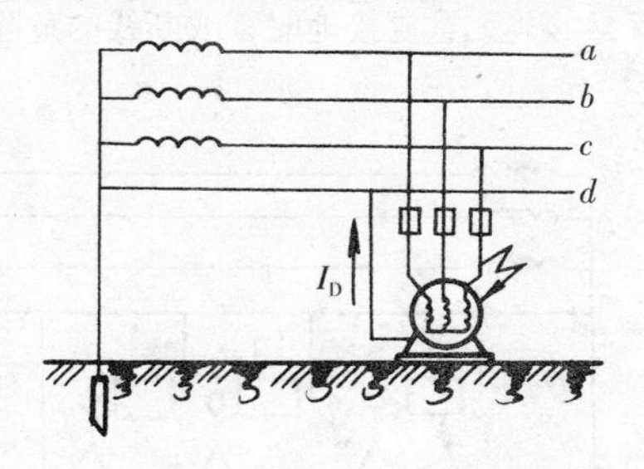

图 5－3　保护接零原理图

因此，在 380/220V 三相四线制中性点直接接地的电网中，凡因绝缘损坏而可能呈现对地电压的金属部分均应接零。

对采用接零保护的电气设备，当其带电部分碰壳时，短路电流经过相线和零线形成回路，此时设备的对地电压等于中性点对地电压和单相短路电流在零线中产生电压降的相量和，显然，零线阻抗的大小直接影响到设备对地电压，而这个电压往往比安全电压高出很多。为了改善这种情况，在设备接零处再加一接地装置，可以降低设备碰壳时的对地电压，这种接地称为重复接地。

重复接地的另一重要作用是当零线断裂时减轻触电危险。图5－4、图5－5分别表示无重复接地时零线断线的危险和有重复接地时零线断线的情况。但是，尽管有重复接地，零线断裂的情况还是要避免的。

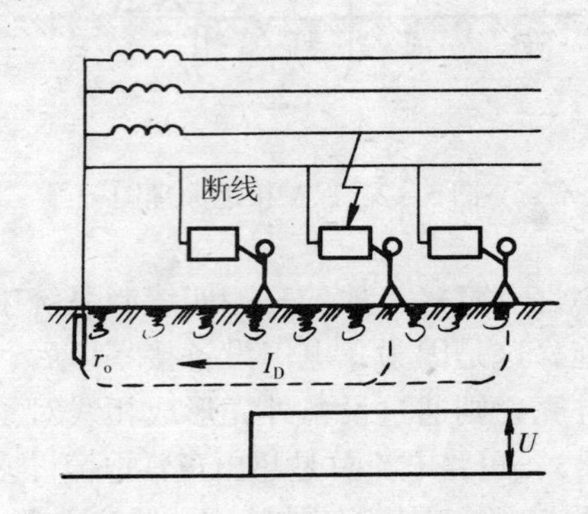

图5－4　无重复接地时零线断线的危险

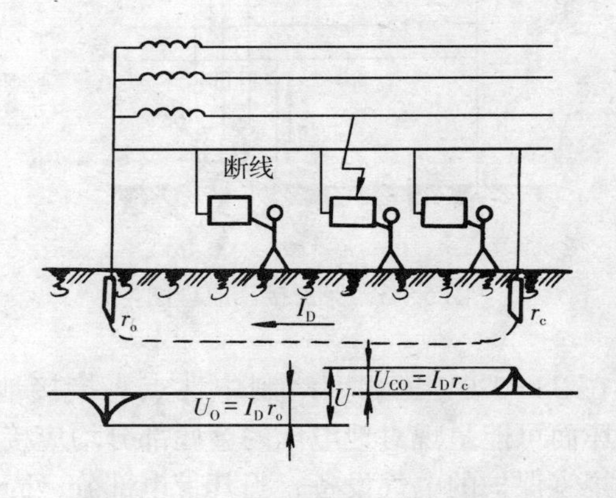

图5－5　有重复接地时零线断线的情况

重复接地有下列好处：

（1）当零线断裂时能起到保护作用；

（2）能使设备碰壳时短路电流增大，加速线路保护装置的动作；

（3）降低零线中的电压损失。

采用保护接零应注意下列问题：

（1）保护接零只能用在中性点直接接地的系统中。

若在中性点对地绝缘的电网中采用保护接零，则在一相碰地时故障电流会通过设备和人体回到零线而形成回路，故障电流不大，线路保护装置不会动作，此时，人受到威胁，而且使所有接零设备都处于危险状态。

（2）在接零系统中不能一些设备接零，而另一些设备接地。

在接零系统中，若某设备只采取了接地措施而未接零，则当该设备发生碰壳时，故障电流通过该设备的接地电阻和中性点接地电阻而构成回路，电流不一定会很大，线路保护设备可能不会动作，这样就会使故障长时间存在（如图 5－6 所示）。这时，除了接触该设备的人有触电危险外，由于零线对地电压升高，使所有与接零设备接触的人都有触电危险。因而，这种情况是不允许的。

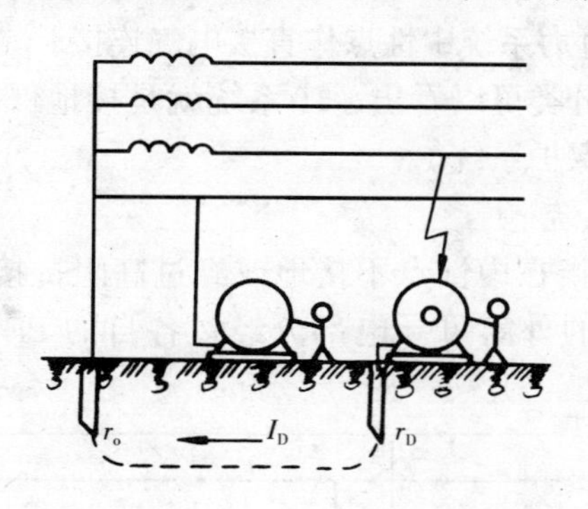

图 5－6　个别设备不接零的危险

如果把该设备的外壳再同电网的零线连接起来，就能满足安全要求了。这时，该设备的接地成了系统的重复接地，对安全是有益无害的。这里再重申一下，禁止在一个系统中同时采用接地制和接零制。

(3) 保护零线上不得装设开关或熔断器。

由于断开保护零线会使接零设备呈现危险的对地电压，因此禁止在保护零线上装设开关或熔断器。

5.2 接地保护系统

一、IT、TT、TN三类接地形式

国际电工委员会将电力系统的接地形式分为IT、TT、TN三类，这些字母分别有其不同的含义：

- 第一个字母为I时，表示电力系统中性点不接地或经过高阻抗接地，第一个字母为T时，表示电力系统中性点直接接地；
- 第二个字母为T时，表示电气设备外露可导电部分（指正常时不带电的电气设备金属外壳）与大地作直接电气连接，第二个字母为N时，表示电气设备外露可导电部分与电力系统中性点作直接电气连接。

从上面的分类可以看出，IT系统就是接地保护系统，而TN系统就是接零保护系统。

(一) IT系统

IT系统是指在中性点不接地或经过高阻抗接地的电力系统中，用电设备的外露可导电部分经过各自的PE线（保护接地线）接地（图5-7)。

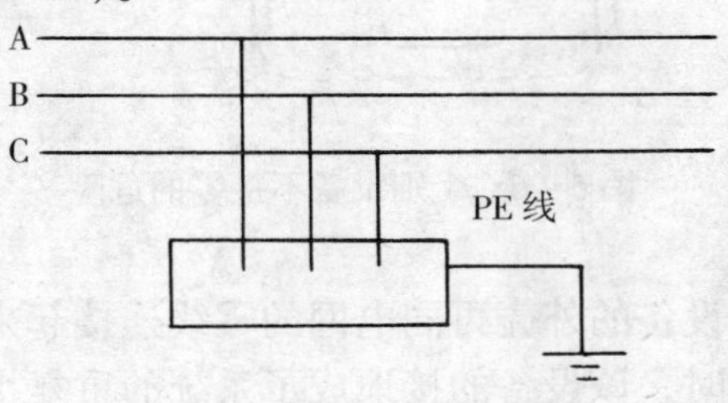

图5-7 IT系统

在IT系统中，由于各用电设备的保护接地PE线彼此分开，经过各自的接地电阻接地，因此只要有效地控制各设备的接地电阻在允许范围内，就能有效的防止人身触电事故的发生。同时各PE线由于彼此分开而没有干扰，其电磁适应性也较强。但当任何一相发生故障接地时，大地即作为相线工作，系统仍能继续运行，此时如另一相又接地，则会形成相间短路，造成危险。因而在IT系统中必须设置漏电保护器，以便在发生单相接地时切断电路，及时处理。

（二）TT系统

TT系统是指在中性点直接接地的电力系统中，电气设备的外露可导电部分通过各自的PE线直接接地的保护系统（图5-8）。

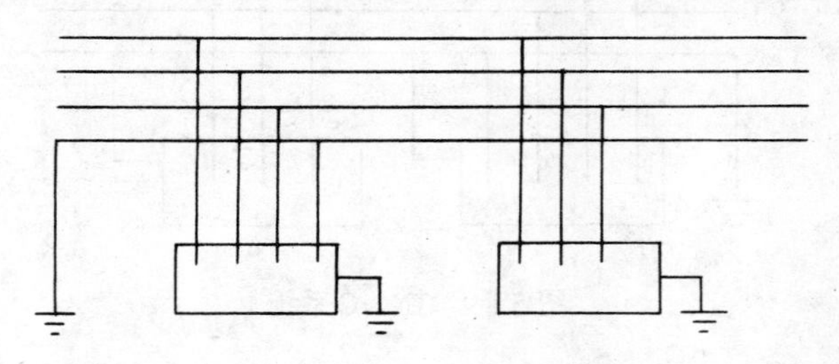

图5-8　TT系统

由于在TT系统中电力系统直接接地，用电设备通过各自的PE线接地，因而在发生某一相接地故障时，故障电流取决于电力系统的接地电阻和PE线的接地电阻，故障电流往往不足以使电力系统中的保护装置切断电源，这样故障电流就会在设备的外露可导电部分呈现危险的对地电压。如果在环境条件比较差的场所使用这种保护系统的话，很可能达不到漏电保护的目的。另外，TT保护系统还需要系统中每一个用电设备都通过自己的接地装置接地，施工工程量也较大，所以在施工现场不宜采用TT保护系统。

（三）TN系统

TN系统是指在中性点直接接地的电力系统中，将电气设备的外露可导电部分直接接零的保护系统。根据中性线（工作零线）和保护线（保护零线）的配置情况，TN系统又可分为：TN—C系统、TN—S系统和TN—C—S系统。

1.TN—C系统

在TN系统中，将电气设备的外露可导电部分直接与中性线相连以实现接零，就构成了TN—C系统。在TN—C系统中，中性线（工作零线）和保护线（保护零线）是合二为一的，称为保护中性线，用符号PEN表示（图5-9）。

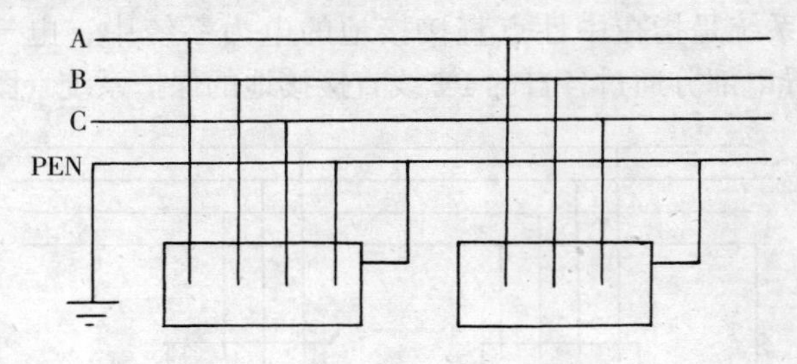

图5-9 TN—C系统

由图5-9可以看出，TN—C系统由三根相线和一根保护中性线构成，因而又称四线制系统。由于工作零线和保护零线合并为保护中性线PEN，当系统三相不平衡或仅有单相用电设备时，PEN线上就流有电流，呈现对地电压，导致保护接零的所有用电设备外壳带电，带电的电压值等于故障电流在电力系统接地电阻上产生的电压降加上在保护中性线上产生的电压降，如果电力系统接地电阻足够小，还需要保护中性线的电阻足够小，才能保证接零设备外壳的对地电压不超过危险值，这就需要选择足够大截面的保护中性线以降低其电阻值。这样操作起来不仅不经济，而且也不一定就能保证外壳的对地电压不超过安全电压。况且在施工现场因为操作环境条件的恶劣或其他原因，很有可能使保护中性线断裂，一旦保护中性线断裂，所有断裂点以后的接零设备的外壳都将呈现危险的对地电压，因而在施工现场不得采用 TN—C 系统。

2. TN—S 系统

在 TN—S 系统中，从电源中性点起设置一根专用保护零线，使工作零线和保护零线分别设置，电气设备的外露可导电部分直接与保护零线相连以实现接零，这样就构成了 TN—S 系统(图 5-10)。

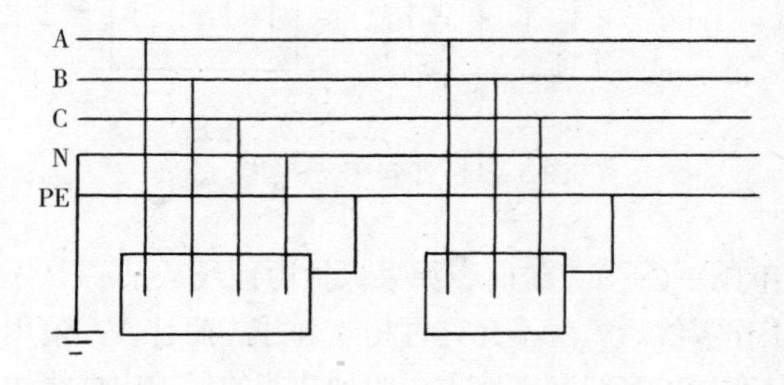

图 5-10 TN—S 系统

TN—S 系统由三根相线 A、B、C、一根工作零线 N 和一根保护零线 PE 构成，所以又称为五线制系统。在 TN—S 系统中，用电设备的外露可导电部分接到 PE 线上，由于 PE 线和 N 线分别设置，在正常工作时即使出现三相不平衡的情况或仅有单相用电设备，PE 线上也不呈现电流，因此设备的外露可导电部分也不呈现对地电压。同时因仅有电力系统一点接地，在出现漏电事故时也容易切断电源，因而 TN—S 系统既没有 TT 系统那种不容易切断故障电流，每台设备需分别设置接地装置等等的缺陷，也没有 TN—C 系统的接零设备外壳容易呈现对地电压的缺陷，安全可靠性高，多使用在环境条件比较差的地方。因此建设部规范中规定在施工现场专用的中性点直接接地的电力线路中必须采用 TN—S 接零系统。

3. TN—C—S 系统

在 TN—C 系统的末端将保护中性线 PEN 线分为工作零线 N 和保护零线 PE，即构成了 TN—C—S 系统（图 5－11）。

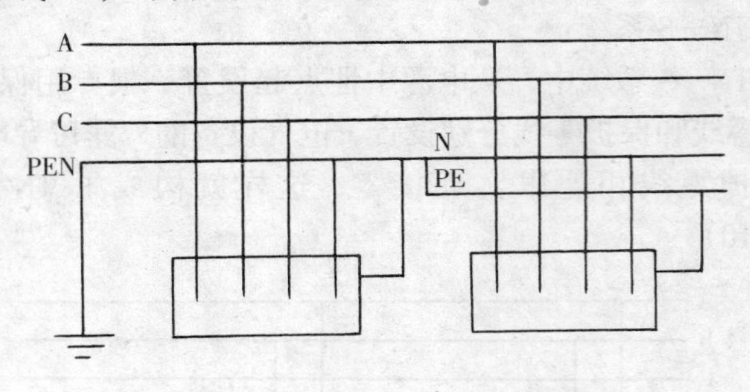

图 5－11　TN—C—S 系统

采用 TN—C—S 系统时，如果保护中性线从某一点分为保护零线和工作零线后，就不允许再相互合并。而且，在使用中，不允许将具有保护零线和工作零线两种功能的保护中性线切断，只有在切断相线的情况下才能切断保护中性线，同时，保护中性线上不得装设漏电保护器。

二、施工现场常用接地保护系统的设置

根据上述分析以及建设部规范的要求，施工现场的接地保护系统应由供电部门供电电网的型式决定，并符合下述要求：

（1）对于中性点直接接地的电力系统，必须采用 TN—S 系统保护接零。

（2）对于中性点对地绝缘或经高阻抗接地的电力系统，必须采用 IT 系统保护接地。

要达到上述要求，具体的接线方式如下：对于中性点直接接地的电力系统，总配电箱（配电室）的电网进线采用三相四线（相线 A、B、C 和工作零线 N），在总配电箱（配电室）内设置工作零线 N 接线端子和保护零线 PE 接线端子，引入的工作零线 N 在总配电箱（配电室）内作重复接地，接地电阻不得大于 4Ω，用连接导体连接工作零线 N 接线端子和保护零线 PE 接线端子，总配电箱（配电室）的出线采用三相五线（相线A、B、C、工作零线N和保护零线PE），出线连接到分配电箱，分配电箱内也分别设置工作零线N接线端子和保护零线PE接线端子，但不得在两者之间作任何电气连接，分配电箱到各开关箱的连接接线要视开关箱的电压等级而定，如果是380V开关箱，需要四芯线连接（相线A、B、C和保护零线PE），如果是220V开关箱则只需三芯线连接（一根相线、一根工作零线N和一根保护零线PE），如果是380/220V开关箱就需要五芯线连接（相线A、B、C、工作零线N和保护零线PE）。这样就能满足TN—S系统的要求。具体可参看图5－12。

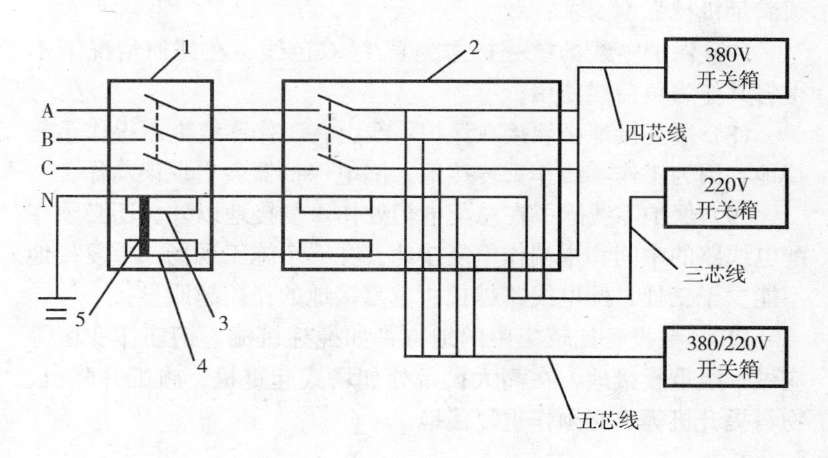

图　5－12

1—总配电箱；2—分配电箱；3—工作零线接线端子；
4—保护零线接线端子；5—连接导体

而对于中性点对地绝缘或经高阻抗接地的电力系统，只需对上述方法稍作改动就能满足IT系统的要求，即在总配电箱，将工作零线N接线端子和保护零线PE接线端子之间的连接导体拆除，再将保护零线PE接线端子接地即可。

对于采用TN—S系统，应符合下列要求：

(1) 保护零线严禁通过任何开关和熔断器;

(2) 保护零线作为接零保护的专用线使用，不得挪作他用;

(3) 保护零线除了在总配电箱的电源侧零线引出外，在其他任何地方都不得与工作零线作电气连接;

(4) 保护零线严禁穿过漏电保护器，工作零线必须穿过漏电保护器;

(5) 电箱内应设工作零线 N 和保护零线 PE 两块端子板，保护零线端子板应与金属电箱相连，工作零线端子板应与金属电箱绝缘;

(6) 保护零线的截面积不得小于工作零线的截面积，同时必须满足机械强度要求;

(7) 保护零线的统一标志为黄/绿双色线，在任何情况下不得将其作为负荷线使用;

(8) 重复接地必须接在保护零线上，工作零线上不得作重复接地，因为工作零线作重复接地，漏电保护器会出现误动作;

(9) 保护零线除了在总配电箱处作重复接地以外，还必须在配电线路的中间和末端作重复接地，在一个施工现场，重复接地不能少于三处，配电线路越长，重复接地的作用越明显;

(10) 在设备比较集中的地方，如搅拌机棚、钢筋作业区等应做一组重复接地，在高大设备处如塔式起重机、施工升降机、物料提升机等也必须作重复接地。

5.3 接地装置

一、接地体、接地线及其敷设要求

根据其采用的方式的不同，接地体可分为自然接地体、基础接地体和人工接地体。

凡与大地有可靠接触的金属导体，如埋设在地下的金属管道(有可燃或爆炸性介质的除外)、钻管、直接埋地的电缆金属外皮等都可作为自然接地体。基础接地体是指利用设在地面以下的钢筋混凝土建筑物基础中的钢筋或混凝土基础中的金属结构物作为接地体。施工现场的电气设备可利用自然接地体和基础接地体接地，但应保证电气连接可靠并应校验接地体的热稳定。

人工接地体多采用钢管、角钢、扁钢、圆钢等钢材制成。一般情况下，接地体都垂直埋设，在多岩石地区，接地体可水平埋设。

垂直埋设的接地体常采用镀锌角钢或镀锌钢管制作，角钢厚度不小于4mm，钢管壁厚不小于3.5mm，有效截面积不小于48mm²。所用材料不应有严重锈蚀，弯曲的材料必须矫直后才能使用，规格一般为：角钢50mm×50mm×5mm，钢管直径50mm，长度一般为2.5m，其下端加工成尖形，用角钢制作时，其尖端应在角钢的角脊上，且两个斜边要对称（见图5－13(a)），用钢管制作是要单边斜削（见图5－13（b））。安装垂直接地体须埋于地表层以下，一般埋设深度不小于0.6m，一般挖沟深度为0.8～1.0m，将接地体垂直打入地下，打入到接地体露出沟底的长度约为0.2m时为止，便于连接接地干线。然后再打相邻一根接地体，相邻接地体之间距离不小于接地体长度的2倍（图5－14），接地体与建筑物之间距离不小于1.5m，接地体应与地面垂直，接地体之间一般用镀锌扁钢连接，扁钢与接地体之间用焊接方法搭接焊连接，焊接长度应符合规定。扁钢应立放，以便于焊接，也可减小接地散流电阻。接地体连接好后，应检查确认接地体的埋设深度、焊接质量等均已符合要求后，就可将沟填平。填沟时应注意回填土中不应夹有石块、建筑碎料及垃圾，回填土应分层夯实，使土壤与接地体紧密接触。

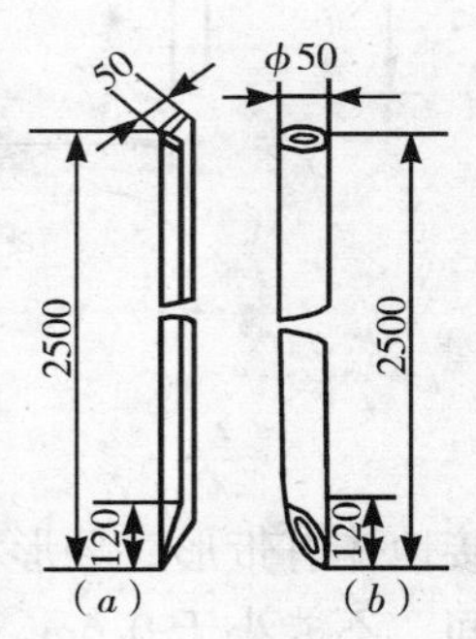

图5－13 垂直接地体
（a）角钢；（b）钢管

水平接地体是将接地体水平埋入土壤中，一般用φ16mm的镀锌圆钢或40mm×4mm或50mm×5mm镀锌扁钢。常见的水平

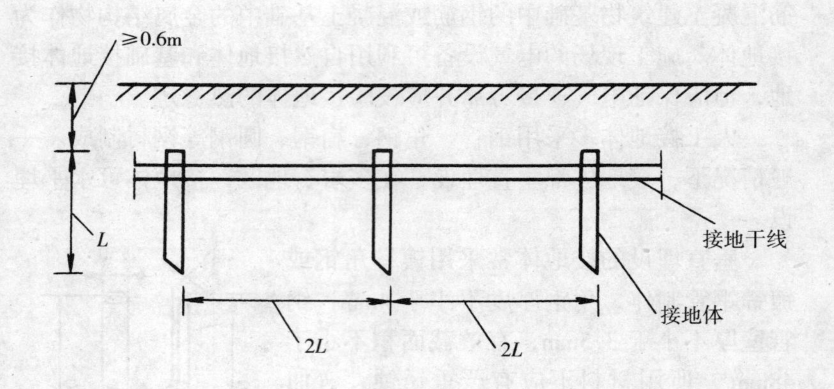

图 5-14　接地装置示意图

接地体有带形、环形和放射形。埋设深度一般在 0.6~1.0mm 之间，不能小于 0.6m。

接地线是连接接地体和电气设备接地部分的金属导体，它也有自然接地线和人工接地线两种类型，金属构件、钢筋混凝土构件的钢筋、穿线的钢管和电缆的铅、铝外皮等均可作为自然接地线，但必须符合下列条件：（1）应保证其全长为完好的电气通路；（2）利用串联的金属构件作为接地线时，金属构件之间应以截面不小于 $100mm^2$ 的钢材焊接。另外，不得使用蛇皮管、保温管的金属网或外皮作接地线。人工接地线材料一般都采用圆钢或扁钢，只有移动式电气设备和采用钢质导线在安装上有困难的电气设备才可采用有色金属作为人工接地线，但禁止使用裸铝导线作接地线。采用扁钢时，扁钢截面积不应小于 4mm × 12mm，而采用圆钢时，圆钢直径不应小于 6mm。

接地线的安装包括接地体连接用的扁钢安装及接地干线和接地支线的安装：

接地干线应水平或垂直敷设，在直线段不应有弯曲现象，安装位置应便于检修，并且不妨碍电气设备的拆卸与检修。接地干线与建筑物或墙壁间应有 15~20mm 间隙。水平安装时离地面距离一般为200～600mm。接地线支持卡子之间的距离，在水平部分为1～1.5m；在垂直部分为1.5～2m；在转角部分为0.3～0.5m。在接地干线上应按设计图纸做好接线端子，以便连接接地支线。接地线从建筑物内引出时，可在室内地坪下引出，也可由室内地坪上引出，具体做法要按图纸和规定执行。接地线穿过墙壁或楼板时必须穿钢管敷设，钢管需伸出墙面10mm，在楼板上面至少要伸出30mm；在楼板下至少伸出10mm。接地线在钢管中穿过后，钢管两端要做好密封。接地干线与电缆或其他电线交叉时，其间距应不小于25mm；与管道交叉时应加保护钢管；跨越建筑物伸缩缝时应有弯曲，以便有伸缩余地，防止断裂。

接地支线安装时应注意：多个设备与接地干线相连接时必须每个设备用一根单独的接地支线，不允许几个设备合用一根接地支线，也不允许几根接地支线并接在接地干线的一个连接点上。明敷的接地支线在穿越墙壁或楼板时应穿管保护；固定敷设的接地支线需要加长时，连接必须牢固可靠；用于移动式电气设备的接地支线不允许中间有接头；接地支线的每一个连接处，都应设置在明显处，以便于检修；携带式用电设备应用专用芯线接地，此芯线严禁同时用来通过工作电流，严禁利用其他用电设备的零线接地，零线和接地线应分别与接地网相连接，芯线应采用多股软铜线，其截面不应小于1.5mm^2。

钢接地体和接地线的最小规格见表5－1。

钢接地体和接地线的最小规格 **表5－1**

种类规格及单位		地上		地下
		室内	室外	
圆钢直径（mm）		5	6	8
扁钢	截面（mm^2）	24	48	48
	厚度（mm）	3	4	4
角钢厚度（mm）		2	2.5	4
钢管管壁厚度（mm）		2.5	2.5	3.5

低压电气设备地面上外露的接地线的最小截面要求，见表5-2。

低压电气设备地面上外露的接地线的最小截面（mm^2） 表5-2

名称	铜	铝	钢
明敷的裸导体	4	6	12
绝缘导体	1.5	2.5	
电缆的接地芯或与相线包在同一保护外壳内的多芯导线的接地芯	1	1.5	

接地装置安装完毕后，应对各部分进行检查，尤其是焊接处更要仔细检查焊接质量，对合格的焊缝应按规定在焊缝各面涂漆。明敷的接地线表面应涂黑漆，如需涂其他颜色，则应在连接处及分支处涂以各宽为15mm的两条黑带，间距为150mm，中性点接至接地网的明敷接地线应涂紫色带黑色条纹。

二、施工现场对设备接地电阻的要求

施工现场对各类设备接地电阻的要求如表5-3所示。

接地电阻的最大允许值 表5-3

接地装置名称	接地电阻最大允许值（Ω）
电力变压器或发电机的工作接地和保护接地	4
电力变压器或发电机常用的共同接地	4
单台容量或并列运行总容量小于100kVA的变压器、发电机及其所供电的电气设备的交流工作接地和共同接地	10
保护零线的重复接地	10
在工作接地电阻允许达到10Ω的电力系统中，所有重复接地的并联等值电阻	10
塔式起重机、施工升降机、井架等高耸垂直运输机械设备的钢结构的接地	4

三、接地电阻的计算和测量

1. 接地电阻的计算

接地装置的接地电阻包括接地体的散流电阻和接地线的电阻。接地线的电阻很小，一般可以忽略不计，因而计算接地装置的接地电阻主要就是计算接地体的散流电阻。散流电阻主要取决于接地装置的结构和土壤的导电能力（用土壤电阻系数来衡量）。

土壤性质对土壤电阻系数 ρ 的影响很大，岩石的土壤电阻系数高达 $5\times10^3\sim2\times10^5\Omega\cdot m$，而砂子的土壤电阻系数大约为 $3\times10^2\sim2\times10^3\Omega\cdot m$，几种常见土壤的电阻系数参考值见表 5－4。

常见土壤电阻系数（Ω·m） **表 5－4**

土壤名称	近似值	变动范围		
		较湿时（多雨区）	较干时（少雨区）	地下水含碱时
粘土	60	30～100	50～300	10～30
砂质粘土	100	30～300	80～1000	10～30
黄土	200	100～200	250	30
含砂粘土、砂土	300	100～1000	1000 以上	30～100
黑土、园田土、陶土、白垩土	50	30～100	50～300	10～30
河水	30～280	—	—	—

土壤的电阻系数与土壤含水量、土壤温度、土壤中的化学成分和土壤的物理性质等因素有关。而其中含水量和温度受季节的影响很大。因此，随着季节的变化，土壤电阻系数也跟着变化，而且深度愈小，季节影响愈大。季节不同，土壤电阻系数可能成倍地增大或减小，冬季土壤电阻系数可高达夏季的两倍以上。为了考虑季节对土壤电阻的影响，引入一个季节系数 ψ。只要把土壤电阻系数乘以季节系数 ψ，即可得到一年之中可能出现的最大的土壤电阻系数（最不利的情况），作为计算值，季节系数见表 5－5。

季节系数表 **表 5-5**

埋深（m）	水平接地体	长度 2~3m 的垂直接地体	备注
0.5	1.4~1.8	1.2~1.4	
0.8~1.0	1.23~1.45	1.15~1.3	
2.5~3.0	1.0~1.1	1.0~1.1	深埋接地体

人工接地体的散流电阻可采用简化计算系数计算，各类垂直接地体，当单根埋入地中，其顶端离地面为 50~70cm 时，散流电阻的计算公式为：

$$R_c = K\rho \ [\Omega]$$

式中 R_c——各种单个接地体的散流电阻［Ω］；

ρ——土壤电阻系数［Ω·cm］；

K——各种接地体简化计算系数，见表 5-6。

各种接地体 *K* 值 **表 5-6**

接地体形状	规格（mm）	*K* 值
钢管	ϕ48	34×10^{-4}
	ϕ60	32.6×10^{-4}
角钢	∟40×40×4	36.3×10^{-4}
	∟50×50×5	34.85×10^{-4}
槽钢	[80×43×5	31.8×10^{-4}
	[100×48×5.3	30.6×10^{-4}

由此可见，土壤电阻系数对接地体的散流电阻有很重要的影响，对于土壤电阻系数高的地方，必须采取降低土壤电阻的措施，才能使接地电阻达到所要求的数值，通常采用以下几种措施：

（1）用人工处理方法：

在接地体周围土壤中加入食盐、木炭、炉灰等，提高接地体周围土壤的导电性。一般采用食盐，但不同的土壤效果不同，如砂质粘土用食盐处理后土壤电阻系数可减少 1/3～1/2，同时受季节变化的影响较小，造价又低。

（2）用深埋接地体方法：

这种方法对含砂土壤最有效果，据有关资料记载，在 3m 深处的土壤电阻系数为 100%，4m 深处为 75%，5m 深处为 60%，6.5m 深处为 50%，9m 深处为 20%，这种方法可以不考虑土壤冻结和干枯所增加的电阻系数，但施工困难，土方量大，造价高。

（3）外引式接地装置法：

如接地装置附近有导电良好及不冻的河流湖泊，可采用此法，但外引式接地体长度不宜超过 100m。

（4）换土法：

这种方法是用粘土、黑土及砂质粘土等代替原有电阻系数较高的土壤，置换范围在接地体周围 0.5m 以内和接地体的 1/3 处，但这种取土置换方法对人力和工时耗费都较大。

（5）减阻剂法：

在接地体周围填充一层低电阻系数的减阻剂来增加土壤的导电性能，从而降低其接地电阻。减阻剂是含有水和强电介质的硬化树脂，构成一种网状胶体，使它不易流失，可以在一定时期内保持良好的导电性能，这是一种较新的方法。

2. 接地电阻的测量

接地体的接地电阻可使用接地电阻表测量，具体测量方法在以后的章节叙述。若手头没有接地电阻表，也可用万用表来测量接地电阻。方法为：在要测量的接地体 A 两侧各约 3m 左右各打入一个辅助接地体 B、C，深度均须在 2.5m 以上，用万用表分别测量 AB、BC、CA 间的电阻值 R_{AB}、R_{BC}、R_{CA}（图 5－15），则接地体 A 的接地电阻值：$R_A=(R_{AB}+R_{CA}-R_{BC})/2$。

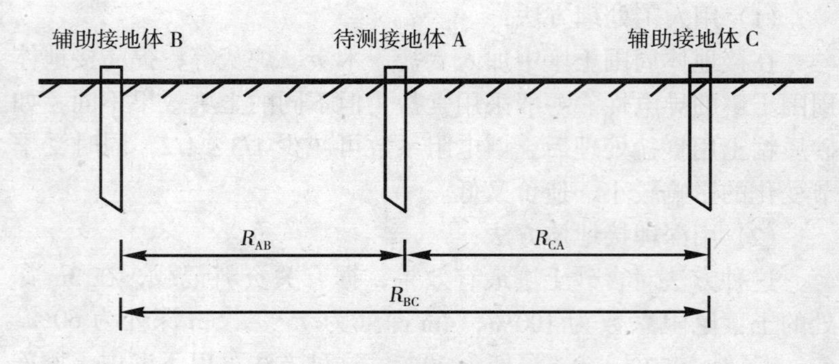

图 5－15 接地电阻的测量

5.4 防 雷

一、雷电的基本知识

雷云起电是自然界的一种天气现象。密集的悬浮在天空中的水雾称为云，云层中的水滴电荷分布是不均匀的，负电荷散布在水滴的表面，正电荷集中在中心。若云层中的水滴或冰晶体受具有强烈涡流的气流冲击碰撞，就会破碎并分裂，气流带正电向上流动，充满云顶，而水滴或冰晶体则带负电下降到云的中部和下部。因此，就电气设备防雷的观点来研究雷云时，可把它简单看作带负电荷的电极。当正负电荷聚积到一定程度时，空气的绝缘性能就会遭到破坏，正负雷云之间以及雷云与大地之间产生发电现象。

雷电的形式有线状雷、片状雷和球雷等。雷云放电大多数是重复性的，一次雷电平均包括三至四次放电，重复的放电都是沿着第一次放电的通路发展的，这是由于雷云的大量电荷不是一次放完，第一次放电是从雷云最底层发生，随后的放电是从较高云层或相邻区域发生。每次雷电放电的全部时间可达十分之几秒。雷电流的幅值可达几十到几百千安。

雷电活动分布的一般规律大致如下：

（1）热而潮湿的地区比冷而干燥的地区雷暴多；

（2）雷暴的频数是山区大于平原，平原大于沙漠，陆地大于湖海；

（3）雷暴高峰月都在 7、8 月份，活动时间大都在 14 ~ 22 时。

雷电活动即使在同一区域，也有一定的选择性，并受下列因素影响：

（1）与地质构造有关，即与土壤电阻率有关，土壤电阻率小的地方易受雷击，在不同电阻率的土壤交界地段易受雷击；

（2）与地面上的设施情况有关，凡是有利于雷云与大地之间建立良好的放电通道者易受雷击，这是影响雷击选择性的重要因素；

（3）从地形来看，凡是有利于雷云的形成和相遇条件的易受雷击，我国大部分地区山的东坡、南坡较北坡、西北坡易受雷击，山中平地较峡谷易受雷击。

建筑物的雷击部位如下：

（1）屋角与檐角的雷击率最高；

（2）屋顶的坡度越大，屋脊的雷击率也越大，当坡度大于 40°时，屋檐一般不会再受雷击；

（3）当屋面坡度小于 27°，长度小于 30m 时，雷击点多发生在山墙，而屋脊和屋檐一般不再遭受雷击；

（4）雷击屋面的几率很小。

设计时，可对易受雷击的部位重点进行防雷保护。

雷电的破坏作用主要是雷电流引起的。它的危害基本可以分成两种类型：一是雷直接击在建筑物上发生的热效应作用和电动力作用；二是雷电的二次作用，即雷电流产生的静电感应作用和电磁感应作用。

雷电流的热效应主要表现在雷电流通过导体时产生出大量的热能，此热能能使金属熔化、飞溅，从而引起火灾或爆炸。

雷电流的机械力作用能使被击物破坏，这是由于被击物缝隙中的气体在雷电流作用下剧烈膨胀、水分急剧蒸发而引起被击物爆裂。此外，静电斥力、电磁推力也有很强的破坏作用，前者是指被击物上同性电荷之间的斥力，后者是指雷电流在拐角处或雷电流相平行处的推力。

当金属屋顶、输电线路或其他导体处于雷云和大地间所形成的电场中时，导体上就会感应出与雷云性质相反的大量的电荷(称为束缚电荷)。雷云放电后，云与大地间的电场突然消失，导体上的电荷来不及立即流散，因而产生很高的对地电位。这种对地电位称为“静电感应电压”。与此同时，束缚电荷向导线两侧传播，若此线路是直接引入建筑物的；则此高电位就侵入室内，而危及人身和设备的安全。

由于雷电流产生的电磁感应现象，在导体上会感应出很高的电压及大的电流，若回路间的导体接触不良，就会产生局部发热，若回路有间隙就会产生火花放电。

还有一种雷叫球雷，它能沿地面滚动或在空气中飘行。为防止球雷行入室内，在烟囱和通风管道处，装上网眼不大于 $4cm^2$，导线粗为 2~2.5mm 的接地铁丝网保护。

二、施工现场常用避雷装置

为了保证施工现场的建筑物和施工人员的安全，需要装设避雷装置。避雷装置由接闪器、引下线和接地装置三部分组成。接闪器又称受雷装置，是接受雷电流的金属导体，即通常见到的避雷针、避雷带或避雷网。引下线又称引流器，是敷设在房顶和房屋墙壁上的导线。它把雷电流由接闪器引到接地装置。接地装置是埋在地下的接地导线和接地体的总称，它把雷电流发散到大地中去。这三部分同样重要，缺一不可。

1. 避雷针

雷云放电总是朝地面电场梯度最大的方向发展的。避雷针靠其高耸空中的有利地位，造成较大电场梯度，把雷云引向自身放电，从而对周围物体起到保护作用。通常将避雷针装设在竖立在地面上的水泥杆或金属构架上，用来保护地面上高度不高的构筑物，如变电站和油库等。装在被保护物顶端的避雷针一般用来保护较为突出但水平面积很小的构筑物，如水塔、烟囱、电视塔、塔式起重机、井字架、龙门架等高大建筑机械设备。

从避雷针的顶端向下，周围约60°角所能覆盖的建筑物、构筑物、机械设备等都处于该避雷针的保护范围内，简单的讲，避雷针的保护范围就是以避雷针为轴的直线圆锥体，直线与轴的夹角是60°。

单支避雷针的保护范围可以用一个以避雷针为轴的圆锥形来表示，如图5－16所示，它可通过下列方法计算：

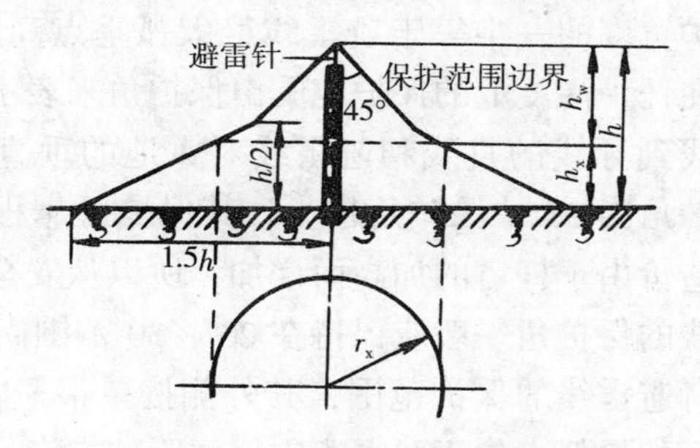

图5－16　单支避雷针的保护范围

避雷针在地面上的保护半径等于避雷针高度的1.5倍；

而若要求出避雷针在任一高度上的保护范围，最主要的就是要求出避雷针的有效高度，即避雷针的高度与被保护物高度之差。这可由下式求得：

当 $h_x \geqslant h/2$ 时，$h_a = \dfrac{r_x}{P}$

当 $h_x < h/2$ 时，$h_a = \dfrac{r_x}{2P} + \dfrac{h}{4} = \dfrac{1}{3}\left(\dfrac{2r_x}{P} + h_x\right)$

在上式中，避雷针保护半径 r_x 可理解为被保护物和避雷针之间的最大允许距离。

式中，P 值是修正系数，即：

当避雷针高度不大于30m时，$P=1$；

当避雷针高度小于 30m 时，$P=\frac{5.5}{\sqrt{h}}$。

若被保护物不在单根避雷针的保护范围之内时，就必须装设二根或多根避雷针，二根、多根等高避雷针或不等高避雷针的保护范围可查阅有关设计手册。

2. 避雷线

避雷线的功用和避雷针相似，主要用来保护电力线路或狭长的建、构筑物及设施。

单根避雷线的保护范围取决于避雷线的高度，单根避雷线在地面上的保护宽度的一半等于避雷线最大弧垂点高度的 1.2 倍，单根避雷线在任一高度上的保护范围由保护角来表示。所谓保护角是指避雷线到导线的直线和避雷线对大地的垂直线之间的夹角，最大保护角为 35°，保护角越小，其保护可靠程度越高，但相应的线路造价由于杆塔的加高而增加，所以从安全经济的观点出发，避雷线的保护角一般应保持在 20°～30°范围内为宜。

两根平行避雷线的保护范围，其外侧按单根避雷线来确定，内侧保护高度的最低点位于两根避雷线间距的中点，其高度由下式决定：

$$h_0 = h - \frac{a}{4P}$$

式中 h——避雷线最大弧垂点高度；

a——两避雷线之间水平距离；

P——修正系数，同避雷针。

3. 避雷带和避雷网

避雷带就是沿房屋边缘或屋顶敷设接地金属带进行雷电保护。雷击建筑物有一定的规律，最可能受雷击的地方是山墙、屋脊、烟囱、通风管道以及平屋顶的边缘等，在建筑物最可能受雷击的地方装设接闪装置（如屋脊、山墙、屋顶边缘处敷设镀锌扁钢避雷带，屋顶面积很大时采用避雷网），这样构成避雷带、避雷网的保护方式。

4. 避雷器

避雷器有阀型避雷器、管型避雷器和保护间隙之分，主要用于保护电力设备，也用作防止高电位侵入室内的安全措施。

避雷器装设在被保护物的引入端，其上端接于线路，下端接地。正常时，避雷器的间隙保持绝缘状态，不影响系统运行。雷击时，有高压冲击波沿线路袭来时，避雷器间隙击穿而接地，从而强行截断冲击波（图 5－17）。这时，能够进入被保护物的电压仅为雷电流通过避雷器及其引线和接地装置而产生的所谓残压。雷电流通过以后，避雷器间隙又恢复绝缘状态，保证系统正常运行。

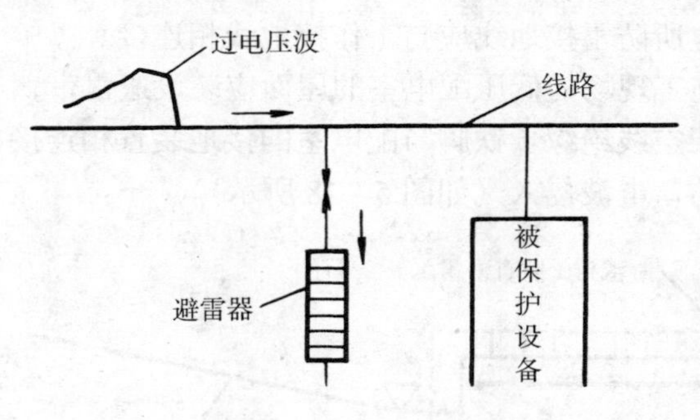

图 5－17　避雷器作用原理

三、避雷装置在施工现场的使用

施工现场具有临时性、露天性和移动性的特点，它的防雷要求应根据实际情况而决定，防雷装置的设置应符合下述规定：

(1) 根据场内的起重机、井字架及龙门架等机械设备的高度，以及是否在相邻建筑物、构筑物的防雷装置保护范围以外，再参考地区年平均雷暴日（d）多少来决定设防雷装置。表 5－7 是施工现场内机械设备需安装防雷装置的规定。

若最高机械设备上的避雷针，其保护范围能够保护其他设备，且最后退出现场，则其他设备可不设防雷装置。

施工现场内机械设备需安装防雷装置的规定　　表 5－7

地区年平均雷暴日（d）	机械设备高度（m）
≤15	≥50
>15<40	≥32
≥40<90	≥20
≥90 及雷害特别严重的地区	≥12

（2）施工现场专用变电所应对直击雷和雷电侵入波进行保护，对直击雷的保护采用避雷针，对架空进线段的保护采用阀型避雷器、避雷线和管型避雷器，对架空出线段的保护采用阀型避雷器。变电所防雷接地线应与工作接地线相连接。

（3）施工现场的低压配电室的屋面应装设避雷带，进线和出线处应将架空线绝缘子铁脚与配电室的接地装置相连接，做防雷接地，以防雷电波侵入（如图 5－18 所示）。

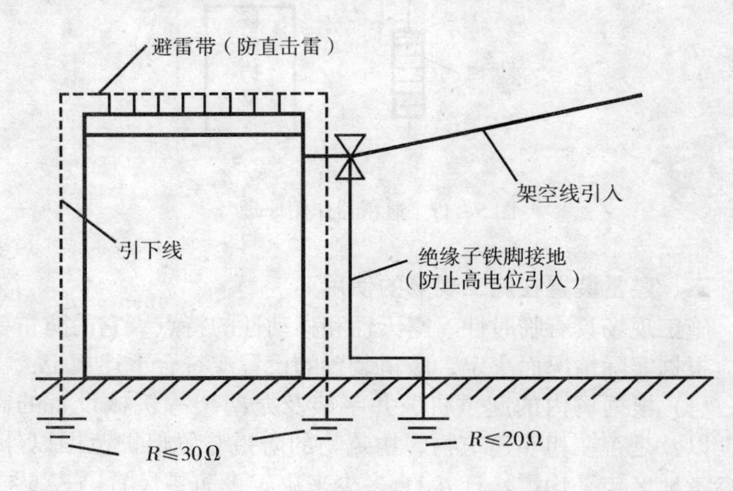

图 5－18　配电室防雷措施

（4）当采用避雷带保护施工现场各类建筑物的屋面时，要求屋面上任何一点距离避雷带不应大于 10m，当有三条及以上平行避雷带时，每隔 30 ~ 40m 将平行的避雷带连接起来，并要有二根以上的引下线，引下线间的距离不宜大于 30m，而冲击接地电阻要求不大于 30Ω。

（5）施工现场的配电线路，如采用架空线路，则需在其上方加设避雷带以防直击雷，同时为防止雷电波沿架空线侵入户内，应在进户处或接户杆上将绝缘子铁脚与电气设备接地装置相连接，土壤电阻率在 200Ω·m 及以下地区，使用铁横担、钢筋混凝土杆线路除外。

（6）避雷针（接闪器）长度应为 1 ~ 2m。可用直径为 16mm 的镀锌圆钢或 25mm 镀锌钢管制作。避雷带可用直径不小于 8mm 的圆钢或截面积不小于 $48mm^2$、厚度不小于 4mm 的镀锌扁钢制作。避雷带（网）距屋面为 100 ~ 150mm，支持卡间距离为 1 ~ 1.5m。

（7）引下线可采用截面积不小于 $48mm^2$、厚度不小于 4mm 的镀锌扁钢或直径不小于 8mm 的镀锌圆钢等，要保证电气连接的可靠，各段之间及引下线与接闪器之间应焊接，不得采用铝线作引下线。安装避雷针的机械设备的引下线可利用该设备的金属结构体，但必须保证可靠的电气连接。当利用建筑物中的钢筋作为防雷引下线时，钢筋直径为 16mm 及以上时，应利用两根钢筋（绑扎或焊接）作为一组引下线，钢筋直径为 10mm 及以上时，应利用四根钢筋（绑扎或焊接）作为一组引下线。

（8）接地体安装可参照重复接地装置的接地体要求。但防雷接地的电阻值要求比重复接地的电阻值大，所以接地极的长度和根数要根据实际情况确定。

（9）同一台电气设备的重复接地与防雷接地可以使用同一个接地体，接地电阻应符合重复接地电阻值的要求。

（10）防雷接地电阻。流过接地体的电流（工频电流）所表现的电阻也叫工频接地电阻。雷击电流称为冲击电流，所以表现的电阻称为冲击接地电阻。

用接地电阻表所测得的接地电阻是工频接地电阻。根据有关资料介绍，一般工频接地电阻与冲击接地电阻的计算关系为：

在土壤电阻率等于或小于100Ω·m的地方，工频接地电阻等于冲击接地电阻；

在土壤电阻率大于100Ω·m至500Ω·m的地方，工频接地电阻除以1.5即为冲击接地电阻；

在土壤电阻率大于500Ω·m至1000Ω·m的地方，工频接地电阻除以2即为冲击接地电阻；

施工现场内所有防雷装置的冲击接地电阻不得大于30Ω。

（11）安装避雷针的机械上电气线路的敷设。对装有避雷针的机械设备上所用动力、照明、信号及通信等线路，均应采取钢管敷设。并将钢管与该机械设备的金属构架作电气连接。

施工现场的防雷措施，要根据施工的所在地区的实际情况而确定采取什么防雷措施及要求。但有些工地处于旷野地区施工，周围根本没有保护伞，但按当地雷暴日天数，机械的高度等因素可以考虑不设避雷保护，但是往往会受到雷击，所以处在这种环境条件下施工，对于工地上突出的机械设备，还有架空线路等，应采取防雷措施为好；有的施工处于高坡和土岗上，应按附近坡下的地面计算高度。

（12）防雷装置应定期检查。10kV以下的防雷装置，每3年检查一次，但避雷器应在每年雨季前检查一次。检查分外观和测量两方面的检查。外观对接闪器，引下线等各部分连接是否牢固、是否锈蚀等。测量接地电阻值、绝缘电阻、泄露电阻、工频放电电压大小等。

6 工地照明的操作要求

施工现场的照明，包括施工作业面上的照明、机械设备的照明、材料加工与材料堆放场地照明、在坑洞、人防地下室、道路、仓库、现场办公室等工作照明和临时宿舍、食堂、浴室等生活照明。

施工现场照明配电包括照明配电箱、开关箱和照明线路、照明开关和照明灯具。

6.1 常用照明器

一、常用照明器

用于照明的电光源，按其发光机理可分为两大类：(1) 热辐射光源——利用物体加热时辐射发光的原理所制造的光源。白炽灯、卤钨灯（碘钨灯和溴钨灯等）都属此类；(2) 气体放电光源——利用气体放电时发光的原理所制造的光源。荧光灯、高压汞灯、高压钠灯、金属卤化物灯和氙灯均属此类。此处的高压、低压是指灯管内气体放电时的气压。下面分别对这几类光源作使用上的介绍。

1. 白炽灯

白炽灯是靠钨丝白炽体的高温热辐射发光，构造简单，使用方便。但热辐射中只有 2% ~ 3% 为可见光，发光效率低，平均寿命为 1000h，经不起振动。电源电压变化对灯泡的寿命和光效有严重影响，故电源电压的偏移不宜大于 ±2.5%。

使用白炽灯时应注意以下几点：

(1) 灯丝的冷态电阻比热态电阻小得多，在起燃瞬间，电流较大。因此，一个开关不宜控制过多的灯。

(2) 由于白炽灯消耗的电能中很大一部分转化为热能，故玻璃壳内的温度很高，在使用中应防止水溅到灯泡上，以免玻璃壳炸裂。

(3) 灯泡上所标注的额定电压必须与电网供电电压相符合。

(4) 装卸灯泡时，应先断开电源，特别要注意不要用潮湿的手去装卸带电的灯泡。

(5) 螺口灯头的接线，相线应接在中心触点的端子上，零线接在螺纹的端子上，灯头的绝缘外壳不应有损伤或漏电。

(6) 灯头离地的安装高度应符合下列规定：在潮湿、危险场所，室内不低于2.5m，室外不低于3m（在墙上安装时应不低于2.5m)；一般生产车间、办公室、商店、住房等场所，应不低于2m。如因生产和生活需要，必须将灯适当放低时，应不低于1m，但在吊灯线上应加绝缘套管至离地2m以上的高度。

2. 卤钨灯

卤钨灯是一种新型的热辐射电光源。它是在白炽灯的基础上改进而来，与白炽灯相比，它有体积小、光通量稳定、光效高、光色好、寿命长等特点。

卤钨灯主要由电极、灯丝、石英灯具组成。灯管内抽成真空后充以微量的卤素和氮气，由于灯管尺寸小，机械强度高，充入的惰性气体压力较高，这样就有效地抑制灯丝钨的挥发，所以卤钨灯较白炽灯使用寿命要长。

卤钨灯的发光原理与白炽灯相同。在通电后灯丝被加热至白炽状态而发光。卤钨灯的性能比白炽灯有所改进，主要是卤钨循环的作用。所谓卤钨循环是：当卤钨灯点燃后，灯丝温度很高，灯管温度也超过200℃，这时挥发出来的钨和卤素在靠近灯管壁附近化合成卤化钨；使钨不致沉积在管壁上，有效地防止了灯管发黑，提高发光效率。卤化钨又在高温灯丝附近被分解，其中有些钨回到灯丝上去，这就是卤钨循环。它使灯管在整个使用期间保持良好的透明度，并使灯具发光效率、光通量稳定，光色、寿命比白炽灯都有所改善。

使用卤钨灯时应注意以下几点：

（1）卤钨灯在整个使用寿命内，光通量保持稳定，发光效率比白炽灯有明显的提高。

（2）卤钨灯管尺寸小，使照明器小型化，但石英灯管价格高。

（3）卤钨灯安装必须保持水平，倾斜角不得大于±4°。

（4）由于灯丝温度高，卤钨灯比白炽灯辐射的紫外线多。

（5）灯管管壁温度高达600℃左右，故不能与易燃物接近，也不允许采用人工冷却。

（6）卤钨灯耐振性差，不宜装在有振动的场所使用。也不宜作移动式局部照明。

（7）卤钨灯要配专用的照明灯具。

3. 荧光灯（日光灯）

荧光灯靠汞蒸汽放电时发出可见光和紫外线，后者激励灯管内壁的荧光粉而发光，光色接近白色。荧光灯是低气压放电灯，工作在弧光放电区，当外电压变化时工作不稳定，所以必须与镇流器一起使用，将灯管的工作电流限制在额定数值。

使用荧光灯时应注意以下几点：

（1）荧光灯工作最适宜的环境温度为18～25℃，环境温度过高或过低都会造成启动的困难和光效的下降。当环境的相对湿度在75%～80%范围时，灯管放电所需的起燃电压将急剧上升，会造成启动的困难。

（2）灯管必须与相应规格的镇流器和启辉器配套使用，否则会缩短灯的寿命或造成启动困难。

（3）电源电压的变化不宜超过±5%，否则将影响灯的光效和寿命。

（4）荧光灯最忌频繁启动，频繁启动会使寿命缩短。

（5）破碎的灯管要及时妥善处理，防止汞害。

4. 荧光高压汞灯（高压水银荧光灯）

照明常用的高压汞灯分荧光高压汞灯，反射型荧光高压汞灯和自镇流荧光高压汞灯三种。反射型荧光高压汞灯玻壳内壁上部镀有铝反射层，具有定向反射性能，使用时可不用灯具；自镇流荧光高压汞灯用钨丝作为镇流器，是利用高压汞蒸汽放电、白炽体和荧光材料三种发光物质同时发光的复合光源。这类灯的外玻壳内壁都涂有荧光粉，它能将汞蒸汽放电时辐射的紫外线转变为可见光，以改善光色，提高光效。荧光高压汞灯的光效比白炽灯高三倍左右，寿命也长，起动时不需加热灯丝，故不需要起辉器，但显色性差。

电源电压变化对荧光高压汞灯的光电参数有较大影响，故电源电压变化不宜大于±5%。

使用时应注意下列几点：

(1) 灯可以在任意位置点燃，但水平点燃时，光通输出将减少7%，且容易自熄。

(2) 外玻壳破碎后，灯虽仍能点亮，但将有大量紫外辐射，会灼伤人眼和皮肤。

(3) 外玻壳温度较高，必须配用足够大的灯具，否则会影响灯的性能和寿命。

(4) 灯管必须与相应规格的镇流器配套使用，否则会缩短灯的寿命或造成启动困难。

(5) 再启动时间长，不能用于有迅速点亮要求的场所。

(6) 破碎的灯管要及时妥善处理，防止汞害。

5. 高压钠灯

它是利用高压钠蒸汽放电，其辐射光的波长集中在人眼较灵敏的区域内，故光效高，为荧光高压汞灯的2倍，且寿命长，但显色性欠佳。电源电压的变化对高压钠灯的光电参数也有影响。电源电压上升时，由于管压降的增大，容易引起灯自熄；电源电压降低时，光通量将减少，光色变差，电压过低时灯可能熄灭或不能启动，故电源电压的变化不宜大于±5%。

使用时应注意，配套灯具宜专门设计，不仅要考虑到由于外玻壳温度很高必须具有良好的散热条件，同时还要考虑高压钠灯的放电管是半透明的，灯具的反射光不宜通过放电管，否则会使放电管因吸热而温度升高，破坏封接处，影响寿命，且易自熄。其余的使用注意事项与高压汞灯所列的使用注意事项（4）、（5）、（6）三项相同。

6. 金属卤化物灯（金属卤素灯）

它是在荧光高压汞灯的基础上为改善光色而发展起来的一种新型光源，不仅光色好，而且光效高。在高压汞灯内添加某些金属卤化物，靠金属卤化物的循环作用，不断向电弧提供相应的金属蒸汽，金属原子在电弧中受激发而辐射该金属的特征光谱线。选择适当的金属卤化物并控制它们的比例，便可制成各种不同光色的金属卤化物灯，目前常用的是400瓦钠铊铟灯和日光色（管形）镝灯。

接入电路时需配用镇流器，1000瓦钠铊铟灯须加触发器启动。电源电压变化不但会引起光效、管压等的变化，而且会造成光色的变化，在电源电压变化较大时，灯的熄灭现象也比高压汞灯更严重，故电源电压的变化不宜大于±5%。

使用时应注意以下几点：

（1）无外玻壳的金属卤化物灯，由于紫外辐射较强，灯具应加玻璃罩（无玻璃罩时，悬挂高度一般不宜低于14m），以防止紫外线灼伤眼睛和皮肤。

（2）管形镝灯根据使用时放置方向的要求有三种结构形式：1）水平点燃；2）垂直点燃，灯头在上；3）垂直点燃，灯头在下。安装时必须认清点灯方向标记，正确使用，且灯轴中心偏离不大于±15°。要求垂直点燃的灯，若水平安装会有灯管爆裂的危险，若灯头方向调错，则灯的光色会改变。

（3）其他使用注意事项与高压汞灯的（4）、（5）、（6）三项相同。

7. 管形氙灯（又称长弧氙灯）

高压氙气放电时能产生很强的白光，接近连续光谱，和太阳光十分相似，故有“小太阳”之称，特别适合于作大面积场所的照明。高压氙气饱和放电的伏安特性，与金属蒸汽放电不同，因此在正常工作时可不用镇流器，但为了提高电弧的稳定性和改善启动性能，目前小功率管形氙灯（如1500W）仍用镇流器。管形氙灯点燃瞬间即能达到80%光输出，光电参数一致性好，工作稳定，受环境温度影响小，电源电压波动时容易自熄。

使用时应注意下列事项：

(1) 因辐射强紫外线，安装高度不宜低于20m。

(2) 灯管工作温度很高，灯座及灯头的引入线应采用耐高温材料。灯管需保持清洁，以防止高温下形成污点，降低灯管透明度。

(3) 灯管应水平安装。

(4) 应注意触发器的正确安装和使用。触发器应尽量靠近灯管安装，其高频输出线长度不宜超过3m，并不得与任何金属和绝缘差的导电体相接触，应保持40mm距离，防止高频损耗。触发器为瞬时工作设备，每次触发时间不宜超过10s，更不允许用任何开关代替触发按钮，以免造成连续运行而烧坏触发器。当它触发瞬间，将产生数万伏脉冲高压，应注意安全。

二、照明器的安装

(一) 照明器的悬挂高度

照明器的悬挂高度主要考虑防止眩光，保证照明质量和安全，照明器具地面最低悬挂高度见表6-1。

照明灯具距地面最低悬挂高度的规定　　表6-1

光源种类	灯具型式	光源功率（W）	最低悬挂高度（m）
白炽灯	有反射罩	≤60	2.0
		100~150	2.5
		200~300	3.5
		≥500	4.0
	有乳白玻璃反射罩	≤100	2.0
		150~200	2.5
		300~500	3.0

续表

光源种类	灯具型式	光源功率（W）	最低悬挂高度（m）
卤钨灯	有反射罩	≤500 1000～2000	6.0 7.0
荧光灯	无反射罩	<40 >40	2.0 3.0
	有反射罩	≥40	2.0
荧光高压汞灯	有反射罩	≤125 250 ≥400	3.5 5.0 6.5
高压汞灯	有反射罩	≤125 250 ≥400	4.0 5.5 6.5
金属卤化物灯	搪瓷反射罩 铝抛光反射罩	400 1000	6.0 14.0
高压钠灯	搪瓷反射罩 铝抛光反射罩	250 400	6.0 7.0

注：1. 表中规定的灯具最低悬挂高度在下列情况可降低 0.5m，但不应低于 2m：

a. 一般照明的照度低于 30lx 时；b. 房间长度不超过灯具悬挂高度的 2 倍；

c. 人员短暂停留的房间。

2. 当有紫外线防护措施时，悬挂高度可适当降低。

（二）照明器的选用

照明器的选用应根据照明要求和使用场所的特点，一般考虑如下：

（1）照明开闭频繁，需要及时点亮，需要调光的场所，或因频闪效应影响视觉效果的场所，宜采用白炽灯或卤钨灯。

（2）识别颜色要求较高、视看条件要求较好的场所，宜采用日光色荧光灯、白炽灯和卤钨灯。

（3）振动较大的场所，宜采用荧光高压汞灯或高压钠灯，有高挂条件并需要大面积照明的场所，宜采用金属卤化物灯或长弧氙灯。

(4) 对于一般性生产用工棚间、仓库、宿舍、办公室和工地道路等，应优先考虑选用投资低廉的白炽灯和日光灯。

(三) 照明器安装一般要求

(1) 安装的照明器应配件齐全，无机械损伤和变形，灯罩无损坏。

(2) 螺口灯头接线必须相线接中心端子，零线接螺纹端子。灯头不能有破损和漏电。

(3) 照明器使用的导线最小线芯截面应符合表 6-2 的规定。截面允许载流量必须满足灯具要求。

线芯最小允许截面 **表 6-2**

安装场所及用途	线芯最小截面（mm^2）		
	铜芯敷线	铜线	铝线
一、照明灯头线：1. 民用建筑室内	0.4	0.5	1.5
2. 工业建筑室内	0.5	0.8	2.5
3. 室外	1.0	1.0	2.5
二、移动式用电设备：1. 生活用	0.2	—	—
2. 生产用	1.0	—	—

(4) 灯具安装高度：室内一般不低于 2.5m；室外不低于 3m。灯具安装高度如不能满足要求，而且又无安全措施等应采用 36V 及以下安全电压。

(5) 配电屏的正上方不得安装灯具，以免造成眩光，影响对屏上仪表等设备的监视和抄读。

(6) 软线吊灯重量限于 1kg 以下，灯具重量超过 1kg 时，应采用吊链或钢管吊装灯具。采用吊链时，灯线宜与吊链编叉在一起。

(7) 事故照明灯具应有特殊标志。

6.2 室外照明

现场照明的质量保证和基本条件就是要保证电压的正常和稳定。电压偏低与偏移会造成光线灰暗，影响施工；电压过高了会使灯具过亮，发出很强的眩光，使施工人员难以适应，也会造成灯具寿命缩短甚至当即烧毁。

照明线路的设置要求：

1. 照明电压偏移的要求

（1）一般工作场所（室内或室外），电压偏移允许为额定电压值的 -5% ~ 5%。远离电源的小面积工作场所，电压偏移值允许为额定电压值的 -10% ~ 5%。

（2）道路照明、警卫照明或额定电压为 220V 的照明，电压偏移值允许为额定电压值的 -10% ~ 5%。

为了保证电压的正常和稳定应做到：现场配电、用电力求三相平衡；根据照明负荷合理选择导线；经常检修线路保持完好。

2. 照明线路

施工现场的一般场所宜选用额定电压为 220V 的照明器。为了便于作业和活动，在一个工作场所内，不得只装设局部照明。局部照明是指仅供局部工作地点（分固定或携带式）的照明。停电后，操作人员需及时撤离现场的特殊工程，必须装设自备电源的应急照明。

（1）照明器使用的环境条件

1）正常湿度时，选用开启式照明器；

2）在潮湿或特别潮湿的场所，选用密闭型防水防尘照明器或配有防水灯头的开启式照明器；

3）含有大量尘埃但无爆炸和水灾危险的场所，采用防尘型照明器；

4）对有爆炸和水灾危险的场所，必须按危险场所等级选择相应的照明器；

5）在有振动较大的场所，应选用防振型照明器；

6）对有酸碱等强腐蚀的场所，应采用耐酸碱型照明器。

（2）特殊场合照明器

1）隧道、人防工程，有高温、导电灰尘或灯具离地面高度低于 2.4m 等场所的照明，电源电压应不大于 36V；

2）在潮湿和易触及带电体场所的照明电源电压不得大于 24V；

3）在特别潮湿的场所、导电良好的地面、锅炉或金属容器内工作的照明电源电压不得大于 12V。

（3）行灯使用要求

1）电源电压不得超过 36V；

2）灯体与手柄应坚固、绝缘良好并耐热耐潮湿；

3）灯头与灯体结合牢固，灯头上无开关；

4）灯泡外面有金属保护网；

5）金属网、泛光罩、悬挂吊钩固定在灯具的绝缘部位上。

（4）照明系统中灯具、插座的数量

在照明系统的每一单相回路中，灯具和插座的数量不宜超过 25 个，并应装设熔断电流为 15A 及 15A 以下的熔断器保护。一方面是为了三相负荷的平均分配，另一方面也为了便于控制，防止互相影响。

（5）照明线路

施工现场照明线路的引出处，一般从总配电箱处单独设置照明配电箱。为了保证三相平衡，照明干线应采用三相线与工作零线同时引出的方式，也可以根据当地供电部门的要求和工地具体情况，照明线路也可从配电箱内引出，但必须装设照明分路开关，并注意各分配电箱引出的单相照明应分相接地，尽量做到三相平衡。

工作零线截面的选择：

1）单相及两相线路中，零线截面与相线截面相同；

2）三相四线制线路中，当照明器为白炽灯时，零线截面按相线载流量的50%选择；当照明器为气体放电灯时，零线截面按最大负荷相的电流选择；

3）在逐相切断的三相照明电路中，零线截面与相线截面相同；若数条线路共用一条零线时，零线截面按最大负荷相的电流选择。

（6）室外照明装置

1）照明灯具的金属外壳必须作保护接零。单相回路的照明开关箱（板）内必须装设漏电保护器。

2）室外灯具距地面不得低于3m，钠、铊、铟等金属卤化物灯具的安装高度应在离地5m以上；灯线应固定在接线柱上，不得靠灯具表面；灯具内接线必须牢固。

3）路灯的每个灯具应单独装设熔断器保护。灯头线应做防水弯。

4）荧光灯管应用管座固定或用吊链。悬挂镇流器不得安装在易燃的结构上。露天设置应有防雨措施。

5）投光灯的底座应安装牢固，按需要的光轴方向将枢轴拧紧固定。

6）施工现场夜间影响飞机或车辆通行的在建工程设备（塔式起重机等高突设备），必须安装醒目的红色信号灯，其电源线应设在电源总开关的前侧。这主要是保持夜间不因工地其他停电而红灯熄灭。

6.3 室内照明

一、室内照明灯具及接线

（1）室内灯具装设不得低于2.4m。

（2）室内螺口灯头的接线。相线接在与中心触头相连的一端，零线接在与螺纹口相连接的一端；灯头的绝缘外壳不得有破损和漏电。

（3）在室内的水磨石、抹灰现场，食堂、浴室等潮湿场所的灯头及吊盒应使用瓷质防水型，并应配置瓷质防水拉线开关。

(4) 任何电器、灯具的相线必须经开关控制，不得将相线直接引入灯具、电器。

(5) 在用易燃材料作顶棚的临时工棚或防护棚内安装照明灯具时，灯具应有阻燃底座，或加阻燃垫，并使灯具与可燃顶棚保持一定距离，防止引起火灾。对安装在易燃材料存放的场所和危险品仓库的照明器材，应符合防火要求的电器器材或采取其他防护措施。

(6) 工地上使用的单相220V生活用电器如食堂内的鼓风机、电风扇、电冰箱应使用专用漏电保护器控制，并设有专用保护零线。电源线应采用三芯的橡皮电缆线。固定式应穿管保护，管子要固定。

二、开关、电器

(1) 暂设工程的照明灯宜采用拉线开关。开关距地面高度为2~3m；与出、入口的水平距离为0.15~0.2m。拉线的出口应向下。

(2) 其他开关距地面高为1.3m，与出、入口的水平距离为0.15~0.2m。

(3) 对民工的临时宿舍内的照明装置及插座要严格管理。如有必要可对民工宿舍的照明采用36V安全电压照明。防止民工私拉、乱接电炊具或违章使用电炉。

(4) 如照明采用变压器必须使用双绕组型，严禁使用自耦式变压器，携带式变压器的一次侧电源引线应采用橡皮护套电缆或塑料护套软线。其中黄/绿双色线作保护零线用，中间不得有接头，长度不宜超过3m，电源插销应选用有接地触头的插销。

(5) 为移动式电器和设备提供电源的插座必须安装牢固，接线正确，插座容量一定要与用电设备容量一致，单相电源应采用单相三孔插座，三相电源应采用三相四孔插座，不得使用等边圆孔插座。单相三孔插座接线时，面对插座左孔接工作零线，右孔接相线，上孔接保护零线或接地线，严禁将上孔与左孔用导线相连接；三相四孔插座接线时，面对插座左孔接 A 相线，下孔接 B 相线，右孔接 C 相线，上孔接保护零线或接地线（图 6－1）。

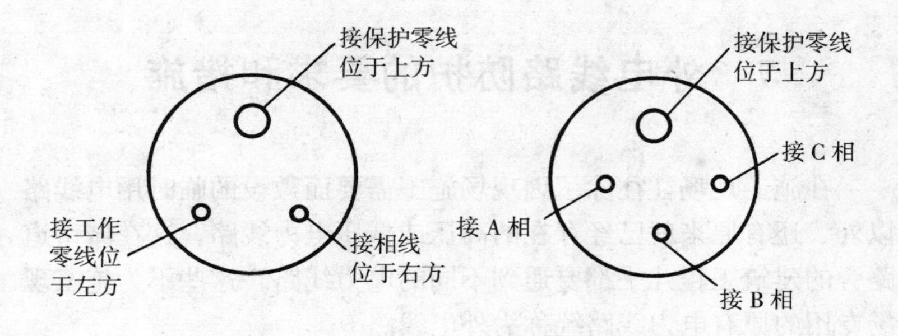

图 6－1　插座接线

现场照明中应严格做到：手持式照明必须采用安全电压；危险场所必须使用安全电压；电线如发现老化、绝缘破损应及时调换；电源线按规范安装，杜绝乱拖乱拉；照明线路及灯具的安装距离严格按规定安装。这样才能做到安全、文明用电。

7 外电线路防护的要求和措施

在施工现场往往除了因现场施工需要而敷设的临时用电线路以外，还有原来就已经存在的高压或低压电力线路，这在城市道路旁的建筑工程几乎都要遇到不同的电力线路，这些不为施工现场专用的原有电力线路统称为外电线路。

外电线路一般为架空线路，也有个别施工现场会遇到地下电缆线路，甚至有两者都存在的情况发生，如果在建工程距离外电线路较远，那么外电线路不会对现场施工构成很大威胁。而有些外电线路紧靠在建工程，则在现场施工中常常会造成施工人员搬运物料或操作过程中意外触碰外电线路，甚至有些外电线路在塔吊的回转半径范围内，那外电线路就给施工带来非常不安全的因素，极易酿成触电伤害事故。同时在高压线附近，即使人体还没有触及到线路，由于高压线路邻近空间高电场的作用，对人体仍然会构成潜在的危害和危险。

为了确保现场的施工安全，防止外电线路对施工的危害，在建工程的现场各种设施与外电线路之间必须保持可靠的安全距离，或采取必要的安全防护措施。现分述如下。

7.1 外电线路防护的安全距离

JGJ 46—88《施工现场临时用电安全技术规范》规定在架空线路的下方不得施工，不得建造临时建筑设施，不得堆放构件、材料等。

当在架空线路一侧作业时，必须保持安全距离。所谓安全距离是指带电导体与其附近接地的物体、地面不同极（或相）带电体、以及人体之间必须保持的最小空间距离或最小空气间隙。

在施工现场，安全距离包含了两个因素。一是必要的安全距离，在高压线路附近，存在着强电场，周围导体产生电感应，周围空气被极化，线路电压等级越高，相应的电感应和电极化也越强，因而随着电压等级的增加，安全距离也要相应增加。二是安全操作距离，在施工现场作业过程中，特别是搭设脚手架过程中，一般脚手管都较长，如果与外电线路的距离过短，操作中的安全就无法保障，所以这里的安全距离在施工现场就变成安全操作距离了。除了必要的安全距离外，还要考虑作业条件的因素，所以距离又加大了。

在施工现场的安全操作距离主要是指在建工程（含脚手架具）的外侧边缘与外电架空线路的边线之间的最小安全操作距离和施工现场的机动车道与外电架空线路交叉时的最小安全垂直距离。对此，JGJ 46—88《施工现场临时用电安全技术规范》作了具体规定，表 7－1 是在建工程（含脚手架具）的外侧边缘与外电架空线路的边线之间的最小安全操作距离（图 7－1）。

外电架空线路最小安全距离　　表 7－1

外电线路电压（kV）	1 以下	1～10	35～110	154～220	330～500
最小安全操作距离（m）	4	6	8	10	15

注：上下脚手架的斜道严禁搭设在有外电线路的一侧。

表 7－2 是施工现场的机动车道与外电架空线路交叉时的最小垂直距离（图 7－2）。

外电架空线路最小垂直距离　　表 7－2

外电线路电压（kV）	1 以下	1～10	35
最小垂直距离（m）	6	7	7

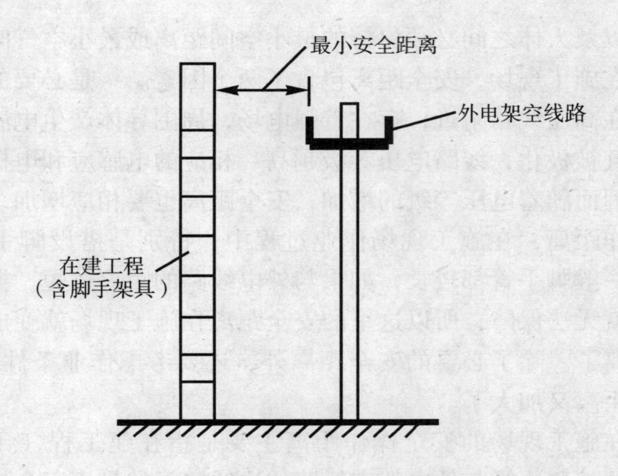

图 7－1　外电架空线路最小安全距离

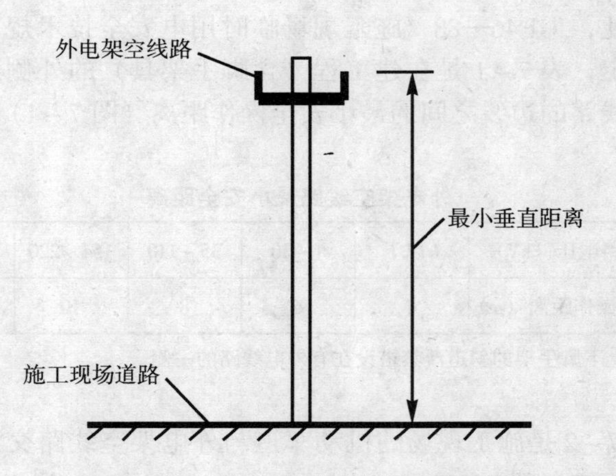

图 7－2　外电架空线路最小垂直距离

上述两表的数据不仅考虑了静态因素，而且还考虑了施工现场实际存在的动态因素，例如在建工程搭设脚手架具时脚手架杆延伸至架具以外的操作因素等，严格遵守上述两表所规定的安全距离操作，就能可靠的防止由于施工操作人员接触或过分靠近外电线路所造成的触电伤害事故。

7.2 外电线路防护的安全措施

由于施工现场的位置往往不是可以任意选择的，当施工现场的位置无法保证规定的安全距离时，为了确保施工安全，必须采取设置防护性遮栏、栅栏，以及悬挂警告标志牌等防护措施，以实现施工作业与外电线路的有效隔离，并引起有关施工作业人员的注意。

外电线路与遮栏、栅栏等之间也有安全距离问题，各种不同电压等级的外电线路至遮栏、栅栏等防护设施的安全距离如表7-3所示。表中所列数据对于施工现场设置遮栏、栅栏时有重要参考价值，必须严格遵循表中给出的数据，以便控制可靠的安全距离，否则难以避免触电事故的发生。如果不能满足表中的安全距离，即使设置遮栏、栅栏等防护设施，也满足不了安全要求，无防护意义，在这种情况下不得强行施工。

带电体至遮栏、栅栏的安全距离（cm）　　表7-3

外电线路的额定电压（kV）		1~3	6	10	35	60	110	220	330	500
线路边线至栅栏的安全距离	屋内	82.5	85	87.5	105	130	170			
	屋外	95	95	95	115	135	175	265	450	
线路边线至网状遮栏的安全距离	屋内	17.5	20	22.5	40	65	105			
	屋外	30	30	30	50	70	110	190	270	500

施工现场搭设的栅栏等防护设施，其材料应使用木质等绝缘材料，当使用钢管等金属材料时，应作良好的接地。搭设和拆除时必须停电，防护架距作业区较近时，应用硬质绝缘材料封严，防止脚手管、钢筋等误穿越而引起触电事故。

当架空线路在塔式起重机的回转半径范围内时，在架空线路的上方及两侧也应有防护措施，防护设施应搭设成门型，按表7-3所示数值保持安全距离，其顶部可用5cm厚木板或相当5cm木板强度的材料盖严。为对起重机的作业起警示作用，在防护架上端应间断设置小彩旗，夜间施工应有红色警示灯示警，其电源电压应为36V（图7-3）。

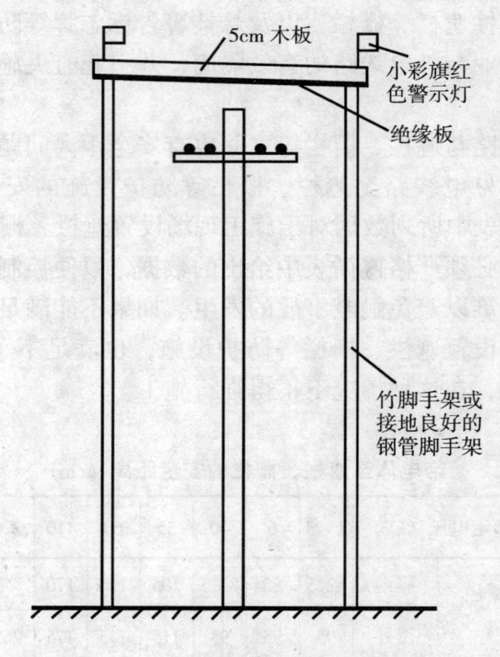

图7-3　门型防护设施搭设示意图

8 施工现场用电安全检查与常见病的防治

8.1 检查依据和方法

一、用电安全检查依据

施工现场安全用电检查的主要依据有：

(1)《施工现场临时用电安全技术规范》(JGJ 46—88)；

(2) 按照《建筑施工安全检查标准》(JGJ 59—99) 中“施工用电检查表”；

(3) 施工现场临时用电施工组织设计；

(4) 施工现场用电安全管理各项制度执行情况。

二、用电安全检查方法

可用多种方法或路线进行检查。

(1) 从电源进工地开始查起，按照本工地临时用电施工组织设计的供电总平面图，从配（变）电房或总配电箱、配电线路、配电箱、各类接地装置、照明线路及照明装置，外电线路防护等这一条线检查。

(2) 按照“施工用电检查表”所列项目逐项对照检查，并结合其他检查表中涉及用电安全的项目进行对照检查。

(3) 对施工用电进行专项检查，这种方法应定期或针对季节变化，开展用电安全的专项检查，专项检查应对整个工地用电情况进行系统检查，其细度和广度比较大，是用电安全检查的主要方法之一。

(4) 日常检查是确保隐患及时发现和消除的有效方法，可以和其他各种、各类安全检查结合起来，对一些动态性较强，多工种作业的工作场所开展有重点的检查。

还有其他各类方法和路线，因为每个工地都有它的自身特点，针对各自工地的自身特点而制定的安全检查制度和方法才是最切合实际的，才能更有效地保证用电安全。

8.2 用电安全隐患的整改与防范

一、对安全隐患的处理要求

施工现场用电安全隐患大致可分为二大类。

1. 人的不安全行为

人的不安全行为可分为管理行为和操作行为两个方面。管理不安全行为主要表现在制度不落实，安全交底流于形式，安全技术措施贯彻不力，以及违章指挥等；操作行为主要表现在作业人员缺乏安全意识和自我保护意识，置规章制度与安全要求之不顾，违章用电和擅自处理电气故障等。

2. 物的不安全状态

施工现场用电装置、配电线路、外电防护、各类电箱、用电设备等在使用前或使用中的不符合安全技术规范的情况，具有较强的动态性，其不安全状态可直接导致触电事故和设备事故的发生。

施工现场用电安全隐患一旦发现，应该立即采取整改，进入整改程序，消除隐患，必要时该立即停工整改的，应当即停工整改。

二、依照“三定”原则，落实整改措施

查实或发现用电安全存在隐患后，应依照“三定”原则，落实整改措施，这“三定”是：

定时——根据隐患整改工作量和技术难易程度确定完成整改工作的最长时限（即整改工作计划）。

定人——根据隐患整改工作量和内容及相关人员的岗位职

责，确定整改措施的实施人或项目部某一工作条线的负责人。

定措施——根据隐患整改的要求，制订整改实施方案及相应的遵循标准，整改过程中的安全技术措施，整改后的复查验收要求，更重要的是提出防止此类隐患重复发生的各项管理措施和技术措施。

“三定”原则体现了抓整改不仅仅停留在为整改而整改，而是通过整改进一步提高和完善施工用电安全管理确保施工用电安全的根本宗旨。

透过现象看本质。“三定”原则提供了有效手段，即通过隐患的存在这一现象，分析其产生的原因，寻找管理环节上的薄弱点甚至盲点，采取相应的补救措施，既消除了现有的隐患，同时还可防止其他隐患的发生，更可以防止类似隐患的重复出现。

可以这样说，一次整改过程，就是一次提高过程，因为在这一过程中，管理的严密性和技术措施的严肃性都可得到提升，有关责任人的责任意识和用电人员的责任心，都会进一步的落实和加强，从而保证人的不安全行为及物的不安全状况及时得到消除，将施工用电的不安全因素降到最低点。

8.3 施工现场临时用电常见病与防治

由于施工现场临时用电的特殊性及工作场所和环境的动态性，再加上有些项目管理人员的法规意识淡薄，受知识水平限制，甚至是利益驱动，或者管理不力，思想松弛，责任性不强等原因，施工现场临时用电不安全隐患出现的几率相对较高，在此将一些主要常见病及防治方法列举如下：

1. 在建工程不编制“临时用电施工组织设计”

目前特别是一些规模较大的工程，上有几十层下有多层地下室。不作现场勘察负荷容量计算，不对特殊部位采取安全防范措施，任凭现场电工的经验操作，给工程留下隐患，甚至造成事故。如某小区 4 号房工地上，水电班长带领几名工人在三层楼面作电线管预埋工作，由于该楼靠近10kV高压电线，又没有采取防范措施和进行岗前安全交底，结果职工潘某在配电线管时，双手握着约6m长的电线管碰到高压电线，导致当场触电死亡。

从事故现场分析，该工地违反了建设部《施工现场临时用电安全技术规范》（JGJ 46）第2.1.1条和第3.1.2条的规定，即没有编制临时用电施工组织设计和在建工程的外侧与外电架空线路的边线达不到安全操作距离时没有采取防护措施的要求。

对这类问题的防范措施，第一，应该由施工企业技术部门根据工程实际编制施工用电组织设计和相应的安全防范措施；第二，工地施工人员应根据防范措施要求，搭设安全防护架或其他防护设施；第三，应由工地施工员对现场工人进行针对性的安全交底。

2. 配电、用电器具的保养制度没有执行

施工现场尤其是一些较大的施工现场，未建立配电、用电器具的维修保养制度，一些工地经常发生把上一班退还已坏的开关电箱或用电器具再发放出去，让下一班工人继续使用。而使用的工人又未进行常规的例行检查和保养，导致使用中发生故障或造成事故，如工程施工时，一工人在收移动式开关电箱时未切断电源，由于橡皮电线破损，带电芯线外露，其手抓到导电体造成触电身亡。

上例事故可以看到，该工地违反了“规范”第2.3.1条的要求，没有建立配电、用电器具的维修保养制度；该职工也违反了“规范”第2.2.2条关于用电人员须“掌握安全用电的基本知识”和“搬迁或移动用电设备，必须经电工切断电源并作妥善处理后进行”的要求。

这类事故的防范措施是：第一，施工企业必须建立配电、用电器具的维修保养制度，并在每个工地得到贯彻执行；第二，应对每个施工现场的各类用电人员进行必要的安全用电教育，使之掌握必要的安全用电知识，并在施工中正确运用。

3. 配电箱不规范

主要表现为电箱体用木料制作，造成防雨措施差、易燃；有些电箱无门、无编号、无色标；铁皮电箱电线进、出口处无防护圈或没有将金属锐口卷边；有些电箱一闸多机（包括多插座）、电线进出口不设在箱底或箱体下底离地高度达不到60cm高度的要求等等，这些会造成各种各样的用电故障或发生各种用电事故。

这些现象违反“规范”第7章中对配电箱和开关箱的要求。“规范”要求配电箱箱体应是铁板或优质绝缘体材料制作。铁板的厚度应大于1.5mm，电箱内电器设备的装接，选用都有严格的要求，特别是开关箱内必须设置漏电开关，其漏电动作电流小于30mA，动作时间小于0.1s；开关箱电源线长度不超过30m等容易被疏忽。

这些常见病的防治，主要是施工企业专业人员要掌握这些标准，在制作和购置配电箱时按“规范”的要求去实施。

4. 电线选用、架设、包扎等不符合要求

有些工地，施工中使用塑料胶质线或花线进行施工用电；有的将低压电力干线直接设在金属屋架、脚手架、毛竹、树上等，不采取任何绝缘措施；有的在工地上乱拖乱拉，不采取防护措施，结果被钢模、砖头、钢管、钢筋等物碾压使之表皮受到破坏影响绝缘或漏电；有些电工对电线电缆的接头不进行认真的绝缘包扎（三包），使其绝缘性能和机械强度大大降低，严重威胁安全用电。如大楼桩基工程施工时，由于桩机电源电缆未进行架设防护，结果工人用翻斗车运输浇捣混凝土时，翻斗车翻起来时压破电缆，使其触电死亡。

这一事故是由于违反了《规范》第6.2.4条，对电缆易受机械损伤的部分没有采取加设防护套管或架空敷设。

这类事故的防范措施是现场电工应认真架设输电电缆或在易受机械损伤部分采取防护措施。

5. 用电器具的金属外壳不进行接地（零）保护

比较普遍的有电箱移动使用的碘钨灯和施工机械的金属外

壳，用作存放工具或更衣的金属集装箱，井架380V手持铁皮按钮开关等，不作接地（零）保护，有的使用二芯线，根本不能做到接地（零）保护。如：1995年5月有两个施工单位，在一周内分别发生了形式相同的触电事故，即碘钨灯金属外壳带电时，不能有效地使漏电开关或熔断器动作，切断电源，导致2名职工分别触电死亡。

事故情节简单，但两单位都违反了“规范”的4.2.1条，“电气设备不带电的外露导电部分（金属）都应做保护接地(零)”。

对这类问题的防治措施是要求电工掌握哪些设备的金属外壳必须作接地（零）保护以及正确的连接方法，对企业来讲必须配置符合要求的电气材料，如移动式碘钨灯的电源线必须是三芯线等。

6. 在同一供电系统中采用接地和接零二种保护形式

这种情况主要反映在分配电箱由接零排保护工地转到接地保护工地时，没有将电箱内的保护接地排和保护接零防护工地也可能造成同样的情况。

这就违反了规范的4.1.3条“施工现场不得一部分设备作保护接零，另一部分设备作保护接地”的规定。

解决这一问题的措施，首先要求电工认真学习JGJ 46—88《规范》，正确理解接地保护和接零保护的本质要求和基本原理；其次要求电工掌握标准电箱中保护接零排与保护接地排之间连接线（或片）的作用。

7. 动力照明混用

检查中经常发现有的施工现场移动开关电箱内有380V和220V两种电压等级时，仅用四芯橡皮电线作进线，造成动力上保护电线与照明的回路线合在一起混用，我们称作动力照明混用。

这种现象违反了“规范”的第7.1.2条“动力和照明线路应分路设置”的要求，容易造成用电设备外壳带电，导致事故。

这类问题的防治措施：第一，在施工现场推选 TN—S 保护系统，实行三相五线制，使工地所有用电设备的保护线与工作零线分开；第二，在工地上使用的移动式开关电箱，实行一个电压等级，电箱内装了 380V 电器装置（四芯线），就不装 220V 电器装置（三芯线），反之亦然。

8. 施工现场没有做二级漏电保护

目前还有不少单位对施工现场的所有用电设备二级漏电开关保护没有做到；有些单位虽然做了，但没有达到“规范”的要求，开关箱内漏电开关动作电流大于 30mA，动作时间大于 0.1s。

由于考虑到施工现场环境差，流动性大等因素，所以在“规范”7.2.10 条明确规定施工现场临时用电实行两级漏电保护，并在二级漏电保护器额定漏电动作电流和额定漏电动作时间上有合理的配合。

消除这类常见病，要求施工企业的领导舍得在安全设备上进行投入，严格做到开关箱一机、一闸、一漏、一箱的要求。

9. 熔断器和熔丝不符合要求

有些施工企业电工在装配电箱时选用螺旋式熔断器，而其带电桩头不采取绝缘保护措施，使电箱的带电体外露，还有熔丝与用电设备之间相互不匹配；有的不是电工，却在熔丝熔断后为图方便将铜丝、铁丝等物质代替熔丝；有的电工不负责任，为图省事故意将熔丝配大，以减少熔断后调换熔丝的麻烦。

上述现象违反了“规范”7.3.10 条，“熔断器的熔体更换时，严禁用不符合原规格的熔体代替”。

这类问题的防治，首先要抓好施工人员的教育培训，使他们知道什么事是可以做的，什么事是不可以做的；再则要对电工进行责任性教育，使之严格按标准作业。

10. 违章用电给安全留下祸根

有的职工为图方便，使用电器具时插头损坏或不相配时，竟用竹片将电线插入插座进行用电；有的职工和民工为图方便（特别是工地上没有食堂或伙食较差工地）和省线，在工地的宿舍里使用电炉烧饭烧菜等；有的用碘钨灯取暖和烘烤鞋子、衣服等等，而宿舍内乱接乱插，在电线上挂毛巾、衣物等更是普遍的现象，归结一点就是为图方便而不顾安全。如某大厦工地，一名民工，用碘钨灯烤湿鞋子，由于停电，该电工未将碘钨灯电源切断就睡觉了。第二天早上他把这件事给忘了，8 点左右电源恢复供电，碘钨灯继续烘烤鞋子，结果引燃鞋子和鞋子下面垫着的木箱，造成火灾。使该工地 70 多名职工住的临时宿舍和全部个人物品被烧尽，在建工程也受到一定程度损失。

上述问题的防治措施，一是：对所有职工加强遵章守纪的教育，进入施工现场（包括职工临时宿舍），要加强安全检查，发现用电隐患及时纠正。

上述是施工现场临时用电的一些常见病及其治理的具体措施，是针对某一特定的对象和场所而采取的，就施工企业或有关部门来讲，还可综合性的采取以下措施、防止施工用电常见病的发生。

(1) 提高各级领导和职工对安全用电的应有认识

首先我们的各级领导应充分认识到工人是社会主义国家的主人，保障每个职工在生产过程中用电的安全，是一项基本的工作，绝不能以经济效益、工期等理由放松对安全用电的重视、减少对用电设施的投入。施工企业的每一职工在生产或生活中使用或操作用电器具，都应遵章守纪，严格按有关规定或规范正确使用或操作。提高自我保护意识，加强防范措施，杜绝各种违章违规行为。

(2) 施工企业要加强对施工用电的投入，完善安全用电设施

目前施工现场需要投入较多资金的项目主要是配置标准的总配电箱，分配电箱、开关电箱和橡皮电线电缆等，施工现场的用电器具要逐步做到三级配电、二级漏电开关保护，以适应新形势对安全用电的要求。

(3) 提高电气操作人员的素质

现在电工的考核发证一般均以用电基础知识为学习考核内

容，没有将行业在安全用电上的特殊要求容纳进去。这样培训出来的电工对行业的特殊要求不熟悉或不知道，所以不具备处理和应付建筑工地由于环境恶劣和生产条件的特殊所带来的安全用电问题，今后应进行多种形式的培训学习，以期提高安全用电水平。

(4) 普及安全用电知识

在建筑施工用电器具日益增加的形势下，对广大职工普及安全用电知识，提高自我保护能力和防范意识。各类用电人员通过岗前教育能够做到正确使用各种用电器具，能够识别一般的电气事故隐患和提高自救互救能力。这不仅仅是完善用电设备的问题，而是从整体提高施工作业人员素质的大事，也体现了党和政府对劳动者的保护和关心。

(5) 加强监督、查处违章

各级安全监督检查机构要将安全用电作为部门的一项重要工作内容来抓，督促施工现场严格执行安全用电的各项规章制度。发现违章的要及时指出，对不听劝告连续违章，要严肃查处。对情节比较严重或造成后果者要抓住典型，严肃处理，教育群众，使安全用电的意识深入人心。杜绝电气作业人员违章施工、用电人员违章用电，减少触电事故发生。

9 触电伤害的现场急救与现场电气防火

9.1 触电伤害的预防与急救

当人体接触电气设备或电气线路的带电部分，并有电流流经人体时，人体将会因电流刺激而产生危及生命的所谓医学效应。这种现象称为人体触电。

一、触电事故的特点与类型

1. 解电事故特点

人们常称电击伤为触电。电击伤是由电流通过人体所引起的损伤，大多数是人体直接接触带电体所引起。在电压较高或雷电击中时则为电弧放电而至损伤。由于触电事故的发生都很突然，并在相当短的时间内对人体造成严重损伤，故死亡率较高。根据事故统计，触电事故有如下特点：

(1) 事故原因大多是由于缺乏安全用电知识或不遵守安全技术要求，违章作业。因此新工人、青年工人和非专职电工的事故占较大比重。

(2) 触电事故的发生有明显的季节性。一年中春、冬两季触电事故较少，夏秋两季，特别是六、七、八、九 4 个月中，触电事故特别多。

其主要原因不外乎气候炎热、多雷雨，空气中湿度大，这些因素降低了电气设备的绝缘性能，人体也因炎热多汗，皮肤接触电阻变小，衣着单薄，身体暴露部分较多，大大增加了触电的可能性。一旦发生触电时，便有较大强度的电流通过人体，产生严重的后果。

（3）低压工频电源的触电事故较多。据统计，此类电源所引起的事故点总数的90%以上，低压设备远较高压设备应用广泛，人们接触的机会较多，加上220/380V的交流电源习惯称其为“低压”，好多人不够重视，丧失警惕，容易引起触电事故。

2. 触电类型

一般按接触电源时情况不同，常分为两相触电、单相触电和“跨步电压”触电。

（1）两相触电

人体同时接触二根带电的导线（相线），因为人是导体，电线上的电流就会通过人体，从一根电线流到另一根电线，形成回路，使人触电，称为两相触电（图9-1），人体所受到的电压是线电压，因此触电的后果很严重。

图9-1　两相触电

（2）单相触电

如果人站在大地上，接触到一根带电导线时，因为大地也能导电，而且和电力系统（发电机、变压器）的中性点相连接，人就等于接触了另一根电线（中性线）。所以也会造成触电，称为单相触电（图9－2）。

图9－2　单相触电

目前触电死亡事故中大部分是这种触电，一般都由于开关、灯头、导线及电动机有缺陷而造成的（图9－3）。

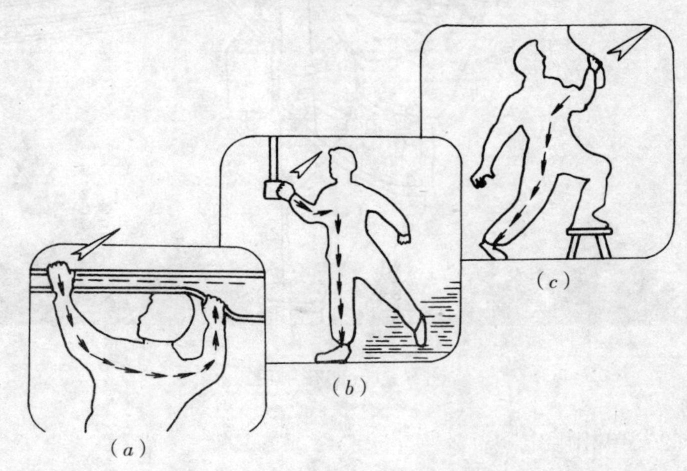

图9－3　触电的形成与电流的途径

（3）“跨步电压”触电

当输电线路发生断线故障而使导线接地时，由于导线与大地构成回路，导线中有电流通过。电流经导线入地时，会在导线周围的地面形成一个相当强的电场，此电场的电位分布是不均匀的。如果从接地点为中心划许多同心圆，这些同心圆的圆周上，电位是各不相同的，同心圆的半径越大，圆周上电位越低，反之，半径越小，圆周上电位越高。如果人畜双脚分开站立，就会受到地面上不同点之间的电位差，此电位差就是跨步电压。如沿半径方向的双脚距离越大，则跨步电压越高（图 9-4）。

图 9-4　跨步电压触电

当人体触及跨步电压时，电流也会流过人体。虽然没有通过人体的全部重要器官，仅沿着下半身流过。但当跨步电压较高时，就会发生双脚抽筋，跌倒在地上，这样就可能使电流通过人体的重要器官，而引起人身触电死亡事故。

除了输电线路断线会产生跨步电压外，当大电流（如雷电流）从接地装置流入大地时，若接地电阻偏大也会产生跨步电压。

因此，安全工作规程要求人们在户外不要走近断线点 8m 以内的地段。在户内，不要走近 4m 以内的地段，否则会发生人、畜触电事故，这种触电称为跨步电压触电。

跨步电压触电一般发生在高压线落地时，但是对低压电线也不可麻痹大意。据试验，当牛站在水田里，如果前后蹄之间的跨步电压达到 10V 左右，牛就会倒下，触电时间长了，牛会死亡。人、畜在同一地点发生跨步电压触电时，对牲畜的危害比较大（电流经过牲畜心脏），对人的危害较小（电流只通过人的两腿，不通过心脏），但当人的两脚抽筋以致跌倒时，触电的危险性就增加了。

二、触电的机理

1. 电流对人体的影响

电流通过人体后，能使肌肉收缩产生运动，造成机械性损伤。电流产生的热效应和化学效应可引起一系列急骤的病理变化，使机体遭受严重的损害。特别是电流流经心脏，对心脏的损害极为严重。极小的电流可引起心室纤维性颤动，导致死亡。电击伤对人体的伤害程序与电流的种类、大小、途径、接触部位、持续时间、人体健康状态、精神状态等都有关系。

（1）通过人体的电流越大，对人体的影响也越大；接触的电压越高，对人体的损伤也越大。电流通过人体所产生的热效应和化学效应与电流强度成正关系。几十微安的电流可以丝毫感觉不到，而几十毫安的电流可引起生命危险。从欧姆定律 $I = V/R$ 可知，当人体触及较高电压的带电体时，流过人体的电流也较大，因而受到的损伤就严重。一般将 36V 以下的电压作为安全电压，但在特别潮湿的环境中即使接触 36V 的电源也有生命危险，所以在这种场所，要用 12V 安全电压或更低的电压。

（2）交流电对人体的损害作用比直流电大，不同频率的交流电对人体影响也不同。人体对工频交流电比直流电敏感很多，接触直流电时，其强度达 250mA 有时也不引起特殊的损伤，而接触 50Hz 交流电时只要有 50mA 的电流通过人体，如持续数十秒，便可引起心脏心室纤维性颤动，而导致死亡（表9-1）。

电流对人体的作用 表9-1

电流（mA）	作用的特征	
	交流（50~60Hz）	直流
0.6~1.5	开始有感觉——手轻微颤抖	没有感觉
2~3	手指强烈颤抖	没有感觉
5~7	手部痉挛	感觉痒和热
8~10	手已难于摆脱带电体，但还能摆脱，手指尖部到手腕剧痛	热感觉增加
20~25	手迅速麻痹，不能摆脱带电体，剧痛，呼吸困难	热感觉大大加强 手部肌肉收缩
50~80	呼吸麻痹，心室开始颤动	强烈的热感觉 手部肌肉收缩 痉挛呼吸困难
90~100	呼吸麻痹，延续3s或更长时间，则心脏麻痹，心室颤动	呼吸麻痹
300及以上	作用0.1s以上时，呼吸和心脏麻痹，机体组织遭到电流的热破坏。	

交流电中28~300Hz的电流对人体损害最大，极易引起心室纤维性颤动。20000Hz以上的交流电流对人体影响较小，故可用来作为理疗之用。平时采用的工频交流电源为50Hz，从设计电气设备角度考虑是比较合理的，然后50Hz的电流对人体损害是较严重的，故一定要提高警惕，搞好安全用电工作。

（3）电流持续时间与损伤程度有密切关系。通过时间短，对机体的影响小，通电时间长，对机体损伤就大，危险性也增大。特别是电流持续流过人体的时间超过人的心脏搏动周期时，这对心脏的威胁很大，极易产生心室纤维性颤动。表9-2是毕格麦亚分析研究所得的数据，显示了通过时间不同对人体的损伤明显不同。在零和从 A_1 和 A_3 的电流范围内，一般可以认为不致产生后遗症的区域。在 B_1 范围内通电时间在心脏搏动周期下就不致发生心室颤动的危险，而在 B_2 范围内即使在搏动周期以下也有危险，故极易发生死亡事故。

毕格麦亚分析研究所得的数据　　表 9-2

电流范围	50~60Hz 电流有效值（mA）	通电时间	人体的生理反应
O	0~0.5	连续也无危险	未感到电流
A1	0.5~5（摆脱极限）	连续也无危险	开始感到有电源，但未到痉挛的极限，可以摆脱电流范围（触电后，能自动地摆脱，但手指、手腕等处已有痛感）
A2	5~30	以数分钟为极限	不能摆脱的电流范围（由于痉挛已不能摆脱接触状态），呼吸困难，血压升高，但仍属可忍耐的极限
A3	30~50	由数秒到数分	心脏跳动不规律。昏迷，血压升高引起强烈痉挛，长时间将要引起心室颤动
B1	50~几百	低于心脏搏动周期	虽受强烈冲击，但未发生心室颤动
		超过心脏搏动周期	发生心室颤动、昏迷、接触部位留有通过电流痕迹（膊动周期相位与开始触电时刻无特别关系）
B2	超过几百	低于心脏搏动周期	即使低于搏动周期的通电时间，如在特定的搏动相位开始触电时，要发生心室颤动、昏迷、接触部位留有通过电流痕迹
		超过心脏搏动	未引起心室颤动，将引起恢复性心脏停跳，昏迷，有烧伤死亡的可能性

(4) 通过人体的电流途径不同时，对人体的伤害情况也不同。通过心脏、肺和中枢神经系统的电流强度越大，其后果也就

越严重。由于身体的不同部位触及带电体，所以通过人体的电流途径均不相同，因此流经身体各部分的电流强度也不同，对人体的损害程度也就不一样。所以通过人体的总电流，强度虽然相等，但电流途径不同其后果也不相同。表 9－3、表 9－4 是奥西普卡对 50 个健康男子所作试验的情况。从表中可知不同的电流途径时，人体的感觉与反应均不相同。

50Hz 交流电感应度的测试结果 **表 9－3**

电流通路：手—躯干—手　　交流有效值：mA

感应度	被试者的比率		
	5%	50%	95%
手表面有感觉	0.7	1.2	1.7
手表面似乎有麻痹似的连续针刺感	1.0	2.0	3.0
手关节有连续针刺感	1.5	2.5	3.5
手有轻度颤动，关节有受压迫感	2.0	3.2	4.4
前肢部有受手铐压迫似的轻度痉挛	2.5	4.0	5.5
上肢部有轻度痉挛	3.2	5.2	7.2
手硬直有痉挛，但能伸开，已感到有轻度疼痛	4.2	6.2	8.2
上肢部、手有剧烈痉挛，失去感觉，手的前表面有连续针刺感	4.3	6.6	8.9
手的肌肉直到肩部全面痉挛，还可能摆脱（摆脱电流极限）	7.0	11.0	15.0

50Hz 交流电感应度的测试结果 **表 9－4**

电流通路：单手—躯干—两脚　　交流有效值：mA

感应度	被试者的比率		
	5%	50%	95%
手表面有感觉	0.9	2.2	3.5
手表面似乎有麻痹似的连续针刺感	1.8	3.4	5.0
手关节有轻度压迫感，有强度的连续针刺感	2.9	4.8	6.7

续表

感应度	被试者的比率		
	5%	50%	95%
前脚部有压迫感	4.0	6.0	8.0
脚底下开始有连续针刺感，前脚部有压迫感	5.3	7.6	10.0
手关节有轻度痉挛，手动作困难	5.5	8.5	11.5
上肢部有连续针刺感，腕部，特别是手关节有强度痉挛	6.5	9.5	12.5
直到肩部有强度连续针刺感，前肢到肘部硬直，仍可能摆脱	7.5	11.0	14.5
手指关节、踝骨、脚跟有压迫感，手的大拇指完全痉挛	8.8	12.3	15.8
只有尽最大努力才可能摆脱（摆脱电流极限）	10.0	14.0	18.0

（5）电流对心脏影响最大，常会产生心室纤维性颤动，导致死亡。发生触电事故时造成触电死亡的原因比较多，但常常由于心室颤动而死亡。

生物体的细胞在进行活动时，会产生生物电现象。人体器官活动时，均受到生物电流的控制。人体的心脏是一个使血流在身体里进行循环的泵，它把养料和氧气送到身体各部分组织内，供它们代谢之需，维持人体的生命。心脏的工作不需要接受大脑的信息，大脑可影响心脏的活动，但不起根本性的影响，许多人身上植入起搏器后，照样很好地生活，充分说明了这一点。

心脏由一些特殊的肌肉组成。电信息在心肌的细胞中传递，使心肌能协调地顺序动作，心肌规律性地收缩和舒张，使心脏产生泵的作用。如果心肌细胞收缩顺序受到通过心脏的电流干涉，那么心脏协调的顺序动作就会丧失，这种情况便称为心室纤维性颤动。心脏发生室颤时无血液搏出，如不立即抢救，人体就会很快死亡。引起心室纤维性颤动的通过心脏电流有人已证明可以低达 20μA，对患有某些疾病的病人，还可能大大地低于此值。

2. 人体的安全电流与安全电压

通过人体的电流强度决定于人体的电阻和触电时施加于人体上的电压。

（1）人体的安全电流

凡是足以引起心室纤维性颤动的电流均为危险电流。在此强度以下的电流虽不足引起心室颤动，但能使触电者无法摆脱带电体，所以也应视为危险电流。因为影响人体对电流反应的因素较多，故对安全电流不宜机械地看一个固定值。对于 50Hz 工频电流来讲，其强度在 15～20mA 以下，一般可被认为安全电流。

（2）人体的安全电压

造成触电死亡的直接原因是电流通过人体，并不是接触电压，但只要明确对人体的安全电流和实际的人体阻抗，即可规定安全电压。因人体的阻抗存在着个体之间的差异，而且不同环境条件下人体的电阻变化也很大，所以不同环境条件下人体的安全电压也不同。因此，对于各种环境条件下的安全电压，总是按最严格的电压条件和最低的人体电阻来考虑触电保护。表 9－5 是各种接触状态和安全电压，国际电工委员会亦规定有与此相同的数值。

各种接触状态和安全电压 **表 9－5**

类别	接触状态	安全电压（V）
第一种	人体大部分浸于水中的状态	2.5 以下
第二种	人体显著淋湿状态 人体一部分经常接触到电气装置、金属外壳和构造物时的状态	25 以下
第三种	除一、二种以外的情况，对人体加有接触电压后，危险性高的状态	50 以下
第四种	除一、二种以外的情况，对人体加有接触电压后，危险性低或无危险的情况	无限制

触电时的临床表现：

电击造成的伤害主要表现为全身的电休克所致的“假死”和局部的电灼伤，特别是电流通过心脏时所形成心室纤维性颤动。如电流过大还可使心肌纤维透明性变，甚至引起心肌纤维断裂，凝固变性。电流通过中枢时可抑制中枢引起心跳呼吸停止。这一些均可造成触电后的“假死”状态。此时病人立即失去知觉，面色苍白，瞳孔放大，心跳、呼吸停止。为了在抢救时便于采取正确有效的措施，根据临床的表现人为地将“假死”分成三种类型：

1）心跳停止，但呼吸尚存在；

2）呼吸停止，心跳尚存在；

3）心跳、呼吸均停止。

对于有心跳无呼吸或者有呼吸无心跳的情况，只是暂时的现象，如果抢救措施稍慢一些，就会导致病人心跳、呼吸全停。

当心脏停止跳动时，人体的血液循环也就中断了，呼吸中枢无血液供应时，中枢就会丧失功能，所以呼吸也就停止了。同样当呼吸停止时，体内各组织都无法得到氧气，心脏本身的组织也会严重缺氧，所以心脏也就很快地停止了跳动。

触电造成的“假死”一般都是即时发生的，但也有个别病人可以在触电后期（几分钟～几天）突然出现“假死”导致死亡。

触电时如人体受到的损伤比较轻，就不至于发生“假死”，但可感到头晕，心悸、出冷汗或有恶心、呕吐……等。皮肤灼伤处可感到疼痛。如果脊髓受到电流影响，还可出现上下肢肌肉瘫痪（自主呼吸存在），往往需经较长的时间（3～6月以上）才能恢复。

局部的电灼伤常见于电流进出的接触处，当人体组织有较大电流通过时，组织会受到灼伤，其形成的原因主要是人体的皮肤、肌肉等组织均存在一定的电阻；有电流通过时，在瞬间会释放出大量的热能，因而灼伤组织。电灼伤的面积有时虽小，但较深，大多为三度烧伤，有时可深达骨骼，比较严重。灼伤处呈焦黄色或褐黑色，创面与正常皮肤有较明显的界限。一般电流进入人体所致的灼伤口常为一个；但电流流出的灼伤口可为一个以上。

3. 人体的电阻无一定的数值

往往由于皮肤表面干、湿状态不同而变化，甚至人的精神状态不同其电阻值也可不同。人体还是一个非线性元件。当接触的电压不同时，人体的电阻值也会发生变化（图 9-5）。

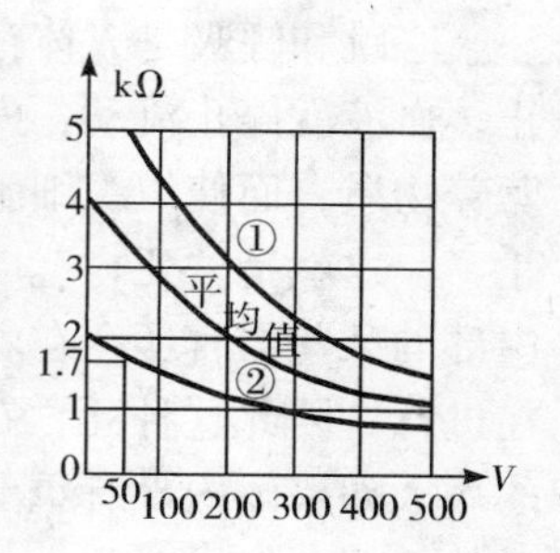

图 9-5　人体电阻（kΩ）
①—干燥时人体电阻；
②—潮湿时人体电阻

当加于人体两端的电压为 50V 时，电阻为 1.75kΩ。当接触电压为 500V，电阻仅 600Ω 左右。同时人体的阻抗不是一个纯电阻。还具有容抗和感抗的成分，但主要是以电阻为主，一般常用图 9-6 来表示人体阻抗的等值图。

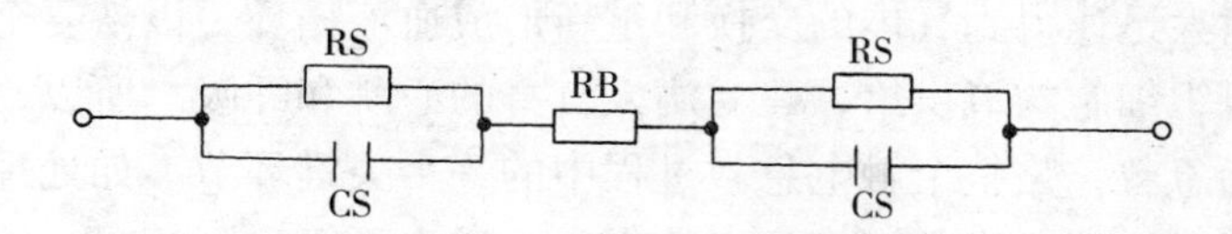

图 9-6　人体阻抗的等值图
RS—皮肤电阻；
CS—皮肤电容约 20PF/cm²；
RB—人体内部电阻，约 500Ω

人体内部电阻为 500Ω，其两侧串联皮肤电阻与皮肤电容并联回路，人体内部电阻与外界的接触电压无关，然而皮肤电阻极易变动汗腺分泌物会破坏绝缘，皮肤角质层在接触电压较高时或皮肤受潮时会遭击穿，这时皮肤电阻要降低到可忽略不计的程度。所以在最不利的情况下，人体电阻，只能以人体内部阻值作为依据。

9.2 触电时的现场急救

心跳和呼吸是人体存活的基本生理现象。一旦心跳、呼吸停止，血液就停止流动，人体的各个器官缺乏血液所供给的氧气和营养物质，而使组织细胞的新陈代谢停止进行，人的生命也就终止了，这就是“死亡”。但是，在心跳和呼吸突然停止后，人体内部的某些器官还存在着微弱的活动，有些组织细胞新陈代谢还在进行，因此这种死亡在医学上称为“临床死亡”。“临床死亡”的病人如果体内没有重要器官的损伤，只要及时进行抢救还有救活的希望。如果时间一长，身体内的组织细胞就会逐渐死亡，这时医学上称为“生物死亡”。病人进入生物死亡，生命也就无法挽救了。当然从“临床死亡”到“生物死亡”的时间很短，所以必须抓紧时间尽力抢救。触电事故发生都很突然。出现“假死”时，心跳、呼吸已停止，因此就必须采用在现场急救方法，使触电病人迅速得到气体的交换和重新形成血液循环，以恢复全身的各组织细胞的氧供给，建立病人自身的心跳和呼吸。所以，触电现场急救，是整个触电急救过程中的一个关键环节。如处理得及时正确，就能挽救许多病人的生命，反之不管实际情况，不采用任何抢救措施，将病人送往医院抢救或单纯等待医务人员到来，那必然会失去抢救的时机，带来永远不可弥补的损失，不少惨痛的教训已证明了这一点。因此现场急救法是每一个电工必须熟练掌握的急救技术，一旦发生事故后，就能立即正确地在现场进行急救，同时向医务部门告急求援，这样，一定能抢救不少阶级兄弟的生命，这对保障广大劳动人民的身体健康有极为重大的意义。

一、迅速切断电源

发生触电事故时，切不可惊惶失措，束手无策，首先要马上切断电源，使病人脱离受电流损害的状态，这是能否抢救成功的首要因素。因为当触电事故发生时，电流会持续不断地通过触电者，从影响电流对人体刺激的因素中，我们知道，触电时间越长，对人体损害越严重。为了保护病人只有马上脱离电源。其次，当病人触电时，身上有电流通过，已成为一带电体，对救护者是一个严重威胁，如不注意安全，同样会使抢救者触电。所以，必须先使病人脱离电源后，方可抢救。

使触电者脱离电源的方法很多：

（1）出事附近有电源开关和电源插头时，可立即将闸刀打开或将插头拔掉，以切断电源。但普通的电灯开关（如拉线开关）只能关断一根线，有时不一定关断的是相线，所以不能认为是关断了电源。

（2）当有电的电线触及人体引起触电时，不能采用其他方法脱离电源时，可用绝缘的物体（如木棒、竹竿、手套等）将电线移掉，使病人脱离电源。

（3）必要时可用绝缘工具（如带有绝缘柄的电工钳、木柄斧头以及锄头等）切断电线，以断电源。

总之在现场可因地制宜，灵活运用各种方法，快速切断电源，解脱电源时，有二个问题需要注意：

（1）脱离电源后，人体的肌肉不再受到电流刺激，会立即放松，病人可能自行摔倒，造成新的外伤（如颅底骨折），特别在高空时更是危险。所以脱离电源需有相应措施配合，避免此类情况发生，加重病情。

（2）解脱电源时要注意安全，决不可再误伤他人，将事故扩大。

二、简单诊断

解脱电源后，病人往往处于昏迷状态，情况不明，故应尽快对心跳和呼吸的情况作一判断。看看是否处于“假死”状态。因为只有明确的诊断，才能及时正确地进行急救。

1. 判断是否假死

处于“假死”状态的病人，因全身各组织处于严重缺氧，情况十分危险，故不能用一套完整的常规方法进行系统检查。只能用一些简单有效方法，判断一下，看看是否“假死”及“假死”

的类型，这就达到了简单诊断的目的。其具体方法如下：

将脱离电源后的病人迅速移至比较通风、干燥的地方，使其仰卧，将上衣与裤带放松。

（1）观察一下有否呼吸存在。当有呼吸时，我们可看到胸廓和腹部的肌肉随呼吸能上下运动，用手放在胸部可感到胸廓在呼吸的运动。用手放在鼻孔处，呼吸时可感到气体的流动。相反，无上述现象，则往往是呼吸已停止。

（2）摸一摸颈部的颈动脉或腹股沟处的股动脉，有没有搏动，因为当有心跳时，一定有脉搏。颈动脉和股动脉都是大动脉，位置表浅，所以很容易感觉到它们的搏动，因此常常以此作为有否心跳的依据。另外在心前区也可听一听有否心音，有心音则有心跳。

（3）看一看瞳孔是否扩大。瞳孔的作用有点像照相机的光圈，但人的瞳孔是一个由大脑控制自动调节的光圈。当大脑细胞正常时，瞳孔的大小会随着外界光线的变化，自行调节，使进入眼内的光线强度适中，便于观看。当处于“假死”状态时，大脑细胞严重缺氧，处于死亡边缘，所以整个自动调节系统的中枢失去了作用，瞳孔也就自行扩大，对光线的强弱不起反应。所以瞳孔扩大说明了大脑组织细胞严重缺氧，人体也就处于“假死”状态（图 9－7）。

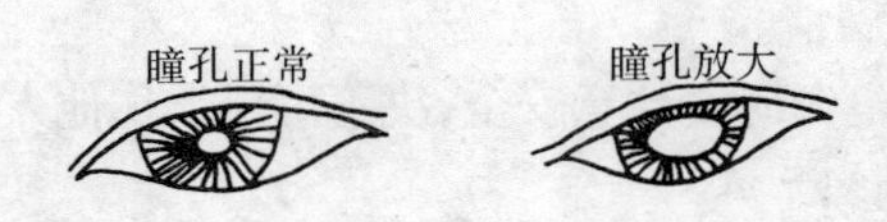

图 9－7　瞳孔正常与放大对比

通过以上简单的检查，即可判断病人是否处于“假死”状态。并依据“假死”的分类标准，可知其属于“假死”的类型。这样我们在抢救时便可有的放矢，对症治疗。

2. 处理方法

经过简单诊断后的病人，一般可按下述情况分别处理：

（1）病人神志清醒，但感乏力、头昏、心悸，出冷汗，甚至有恶心或呕吐。此类病人使其就地安静休息，减轻心脏负担，加快恢复；情况严重时，小心送往医护部门，请医护人员检查治疗。

（2）病人呼吸、心跳尚存在，但神志昏迷。此时应将病人仰卧，周围的空气要流通，并注意保暖。除了要严密的观察外，还要作好人工呼吸和心脏挤压的准备工作。并立即通知医护部门或用担架将病人送往医院救治。在去院的途中，要注意突然出现“假死”现象，如有假死需立即进行抢救。

（3）如经检查后病人处于假死状态，则应立即针对不同类型的“假死”进行对症处理。心跳停止的，用体外人工心脏挤压法来维持血液循环；如呼吸停止则用口对口的人工呼吸法来维持气体交换。呼吸、心跳全停时，则需同时进行体外心脏挤压法和口对口人工呼吸法，同时向医院告急求救。

在抢救过程中，任何时刻抢救工作不能中止；即使在送往医院的途中，也必须继续进行抢救，一定要边救边送，直至心跳、呼吸恢复。

三、口对口人工呼吸法

人工呼吸的目的，是用人工的方法来代替肺的呼吸活动，使气体有节律地进入和排出肺脏，供给体内足够的氧气，充分排出二氧化碳，维持正常的通气功能。人工呼吸的方法很多，目前认为口对口人工呼吸法效果最好。口对口人工呼吸法的操作方法如下：

（1）将病人仰卧、解开衣领、松开紧身衣着、放松裤带，以免影响呼吸时胸廓的自然扩张。然后将病人的头偏向一边，张开其嘴，用手指清除口腔中的假牙、血块、呕吐物等，使呼吸道畅通。

（2）抢救者在病人的一边，以近其头部的一手紧捏病人的鼻子（避免漏气），并将手掌外缘压住其额部，另一只手托在病人的颈后，将颈部上抬，使其头部充分后仰，以解除舌下坠所致的呼吸道梗阻。

(3) 急救者先深吸一口气，然后用嘴紧贴病人嘴（或鼻孔）大口吹气，同时观察胸部是否隆起，以确保吹气是否有效和适度。

(4) 吹气停止后，急救者头稍侧转，并立即放松捏紧鼻孔的手，让气体从病员肺部排出。此时应注意胸部复原情况，倾听呼气声，观察有无呼吸道梗阻。

(5) 如此反复进行，每分钟吹气 12 次，即每 5s 吹气一次(图 9－8)。

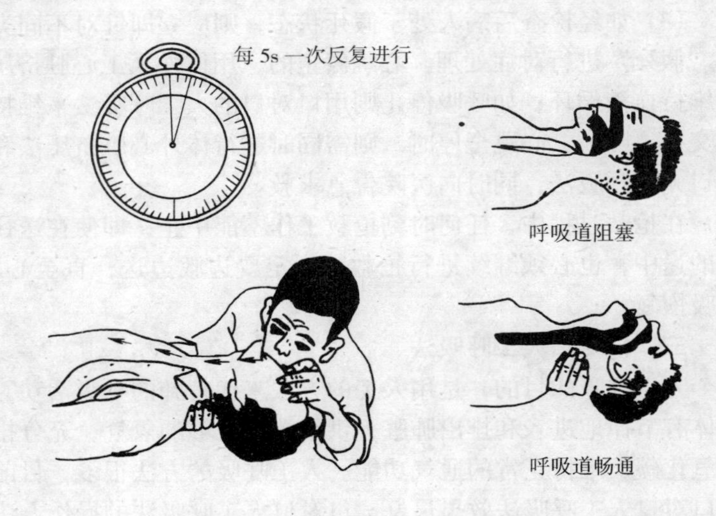

图 9－8　口对口人工呼吸（一）

注意事项：

(1) 口对口吹气时的压力需掌握好，刚开始时可略大一些，频率稍快一些。经 10～20 次后可逐步减少压力，维持胸部轻度升起即可。对幼儿吹气时，不能捏紧鼻孔，应让其自然漏气，为了防止压力过高，急救者仅用颊部力量即可。

(2) 吹气时间宜短，约占一次呼吸周期的三分之一，但亦不能过短，否则影响通气效果。

（3）如遇到牙关紧闭者，可采用口对鼻吹气，方法与口对口基本相同。此时可将病人嘴唇紧闭，急救者对准鼻孔吹气。吹气时压力应稍大，时间也应稍长，以利气体进入肺内。口对口人工呼吸法的整个动作如（图 9－9）所示。

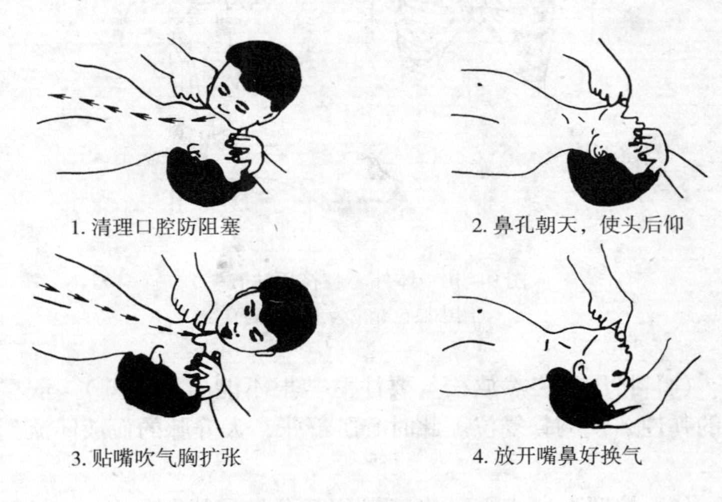

1. 清理口腔防阻塞　2. 鼻孔朝天，使头后仰

3. 贴嘴吹气胸扩张　4. 放开嘴鼻好换气

图 9－9　口对口人工呼吸（二）

四、体内心脏挤压法

体外心脏挤压是指有节律地对心脏挤压，用人工的方法代替心脏的自然收缩，从而达到维持血液循环的目的。此法简单易学，效果好，不需设备，易于普及推广。

操作方法：

（1）使病人仰卧于硬板上或地上，以保证挤压效果。

（2）抢救者跪跨在病人的腰部。

（3）抢救者以一手掌根部按于病人胸骨下二分之一处，即中指指尖对准其颈部凹陷的下缘，当胸一手掌。另一手压在该手的手背上，肘关节伸直。依靠体重和臂，肩部肌肉的力量，垂直用力，向脊柱方向压迫胸骨下段，使胸骨下段与其相连的肋骨下陷 3～4cm（见图 9－10）间接压迫心脏使心脏内血液搏出。

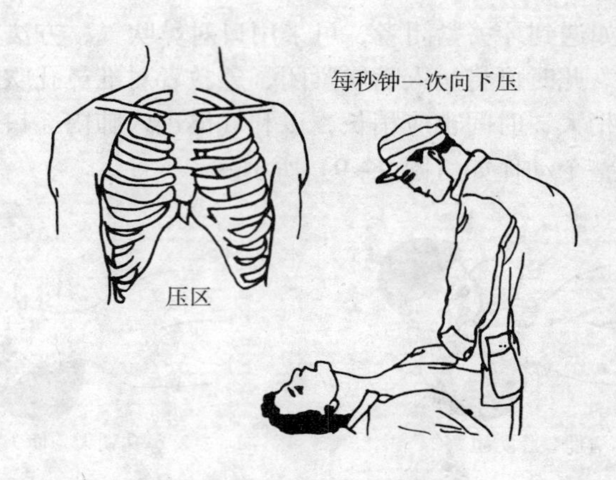

图 9－10 体外心脏挤压法（一）
（图中黑色部位为手掌按处）

（4）挤压后突然放松（要注意掌根不能离开胸壁），依靠胸廓的弹性，使胸骨复位。此时心脏舒张，大静脉的血液回流到心脏。

（5）按照上述步骤，连续操作每分钟需进行 60 次，即每秒一次。操作示意图见图 9－11。

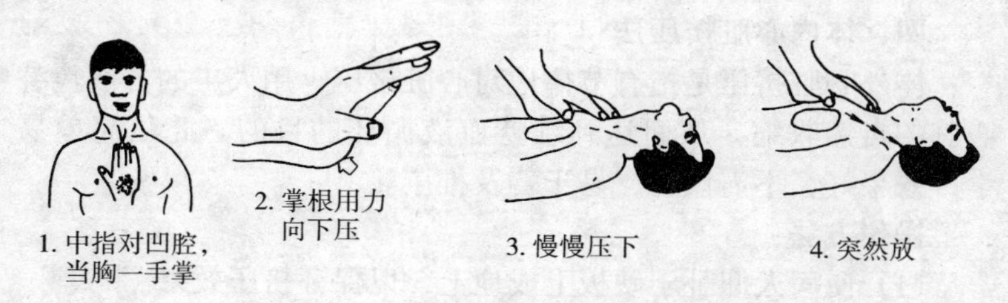

图 9－11 体外心脏挤压法操作示意图

注意事项：

（1）挤压时位置要正确，一定要在胸骨下二分之一处的压区内。接触胸骨应只限于手掌根部，故手掌不能平放，手指向上与肋骨持一定距离。

(2) 用力一定要垂直，并要有节奏，冲击性。

(3) 对小儿只能用一个手掌根部即可。

(4) 挤压时间与放松的时间应大致相同。

(5) 为提高效果，应增加挤压频率，最好能达每分钟 100 次。

(6) 有时病人心跳、呼吸全停止，而急救者只有一人时，也必须同时进行口对口人工呼吸和体外心脏挤压。此时可先吹二次气，立即进行挤压 15 次，然后再吹二口气，再挤压，反复交替进行，不能停止（图 9－12）。

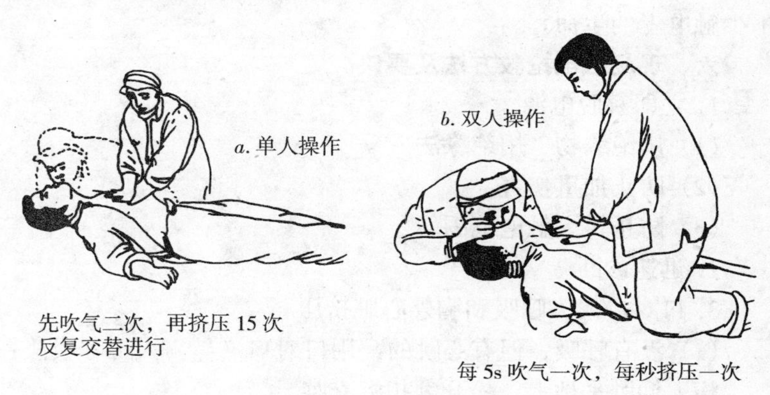

图 9－12　人工呼吸单人与双人操作法

五、电灼伤与其他伤的处理

高压触电时（1000V 以上），两电极间电弧的温度可高达 1000～4000℃，接触处可造成十分广泛严重的烧伤，往往深达骨骼，处理较复杂。现场抢救时，要用干净的布或纸类进行包扎，减少污染，有利于以后的治疗。

其他外伤和脑震荡、骨折等，应参照外伤急救的情况，作相应处理。

现场抢救往往时间很长，且不能中断，所以我们一定要发扬勇敢战斗不怕牺牲，不怕疲劳和连续作战的精神，坚持下去，往往经过较长时间的抢救后，触电病人面色好转，口唇潮红，瞳孔缩小，四肢出现活动，心跳和呼吸恢复正常。这时可暂停数秒钟进行观察，有时触电病人就此复活，如果正常心跳和呼吸仍不能维持，必须继续抢救，决不能贸然放弃，一直要坚持到医务人员到现场接替抢救。

总之，触电事故的发生总是不好的。要预防为主地着手消除发生事故的原因，防止事故的发生。充分发动群众，宣传安全用电知识，宣传触电现场急救的知识，那么，非但能防患于未然，万一发生触电事故，也能进行正确及时的抢救，这样一定能挽救不少触电者的生命。

六、现场触电抢救方法及要诀

1. 立即解脱电源

(1) 用绝缘物，用绝缘法。

(2) 防止加重伤害。

(3) 防止扩大触电范围。

2. 迅速诊断

3. 口对口人工呼吸和胸外心脏挤压

(1) 没有呼吸，但有心跳的，用口对口（鼻）人工呼吸法：

病人仰卧平地上，松开领扣解衣裳。

清理口腔防阻塞，鼻孔朝天头后仰。

捏紧鼻子托头颈，贴嘴吹气胸扩张。

吹气量要看对象，大人小孩子要适量。

吹二秒停三秒，五秒一次最恰当。

(2) 有呼吸，但无心跳的，用胸外心脏挤压法：

病人仰卧硬地上，松开领扣解衣裳。

救者跪跨腰两旁，双手迭，中指对凹膛，当胸一手掌。

掌根用力压胸膛，压力轻重要适当。

用力太轻效果差，过分用力会压伤。

慢慢压下突然放，掌根不要离胸膛。

一秒一次向下压，寸到寸半最适当。

救护儿童时，只要一只手压力胸膛，用力稍轻。

注：1. 对小孩吹气时，不要捏紧鼻子。

2. 如果触电者张口有困难，可闭嘴吹鼻孔，效果相同。

3. 呼吸心跳都没有的，两法同时进行。急救者只有一人时，可先吹二次气，立即进行挤压15次，反复进行，不能停止。

4. 群众抢救直到医务人员来接替抢救为止。

9.3 现场电气防火及施救

火灾和爆炸事故往往是重大的人身事故和设备事故。电气火灾和爆炸事故在火灾和爆炸事故中占有很大比例。引起火灾的电气原因仅次于一般明火的第二位原因。

特别是电气设备与可燃物接触或接近时，火灾危险性更大。在高压电气设备中，电力变压器和多油断路器有较大的火灾危险性，而且还有爆炸的危险性。

电气火灾火势凶猛，如不及时扑灭，势必造成迅速蔓延。

一、施工用电的电气起火

1. 线路起火

在配电线路方面引起火灾，除了安装不当，设计和施工方面原因外，在运行中，电流的热量和电流的火花是引起火灾的直接原因。

(1) 短路：线路发生短路时，电流增加为正常的几倍甚至几十倍，而产生的热量又和电流的平方成正比，使得温度急剧上升，如温度达到易燃物的自燃点，即引起燃烧，导致火灾。

(2) 过载：过载也会引起电气设备发热，当选用的线路不合理，以致在过载情况下导线发热，长时期过载就会引起火灾。

(3) 乱拉乱绑电线：造成线路绝缘的损坏，或在易燃的火灾危险场所乱拉电线，当绝缘损坏造成漏电和短路引起火灾。

(4) 导线接触不良：导线的连接不紧密，接头松动，导线的机械强度不够、断线落在易燃物品上；有的电源线有接头，但接头处理绝缘不符要求，受潮浸水后发生漏电、短路事故引发火灾。

2. 电气设备起火

（1）照明灯具安装在木结构、竹结构甚至竹芭、席子上，灯泡功率大，紧靠支持物，易燃物被烤焦而引发火灾。

（2）木制配电箱、开关箱将开关电器直接安装在木质配电板上，当开关电器发生过载、短路故障时引起燃烧。

（3）手持电动工具、行灯、电气设备使用时靠近易燃物而引起火灾。

（4）变配电室建在易燃物附近、室内堆放易燃、易爆物品，如汽油、柴油而引发火灾。

（5）自备发电机放在席棚里，与燃油不设隔离，附近还有易燃物就会引起火灾。

（6）油漆、汽油等易燃物或液体器皿放在电机、电器旁，氧气、乙炔瓶靠近电气设备引发火情。

电气开关、电动设备在正常运行中就会产生火花，所以上述几种作法是很危险的，不一定在故障情况下才会引发火灾。

对电器设备在运行中的超载、设备自身的缺陷、损坏、焊接过程的火花飞溅，都是构成危险的火源。

另外对民工宿舍内的违章使用电炉、电加热器、冬季的电热毯都是危险的火源。

二、电气防火措施

防火、防爆措施必须是综合性的措施，从电气防火的技术措施入手做到选用合理的电气设备，保持必要的防火间距、保持电气设备正常运行、保持通风良好、采用耐火设施、装设良好的保护装置等技术措施。

从组织措施入手建立必要的管理制度和开展电气防火教育制度及检查等制度。

1. 电气设备

（1）要严格按规定，选用与电气设备的用电负荷相匹配的开关、电器，线路的设计与导线的规格也要符合规定，以及保护装置的完好。

(2) 照明灯具及发热、产生电火花的电气设备，从安装上、使用过程中都不容许与易燃物靠近，应保持一定的距离。

(3) 电气设备要严格按其性能运行，不准超载运行，做好经常性的检修保养使设备能正常运行，并保持通风良好。

(4) 火灾危险场所使用的电气设备，应根据《爆炸和火灾危险环境电力装置设计规范》列出其中“火灾危险环境的电气装置”有关要求，供施工中运用（参见附录“安全技术资料”）。

(5) 雷电也能引起火灾，对避雷装置要注意检修保养，保持接地良好。有静电时还要做好防静电火灾的防护。

(6) 变配电所的耐火等级要根据变压器的容量及环境条件，提高耐火性能。

(7) 配电箱要选用非木质的绝缘材料制作，包括配电板的材料，提高耐火性能。

2. 电气防火组织措施

(1) 建立易燃、易爆和强腐蚀介质的管理制度。

(2) 建立或健全电气防火责任制，加强电气防火重点场所烟火控制，设置禁火标志。

(3) 建立电气防火教育制度，要经常性开展电气防火知识的宣传教育，特别是加强对民工的安全用电教育。

(4) 开展定期的电气防火专项检查或同平时防火检查结合起来开展工作。

只要我们认真落实“安全第一、预防为主”的方针，落实措施，就能避免事故。

3. 电气火灾扑救措施

电气火灾有两个明显特点：一个特点是着火后电气设备可能是带电的，如不注意可能引起触电事故；另一个特点是有些电气设备（如电力变压器、多油断路器等）本身充有大量的油，受热后有可能发生喷油甚至爆炸，造成火灾迅速扩大。

扑灭火灾应注意以下问题：

（1）首先应迅速设法切断电源，以防发生触电事故。因为盲目灭火拿起导电的灭火剂，如水枪及型号不符的灭火器，拿起来就喷、射致带电部分就可能发生触电。火灾发生后，电气设备可能因绝缘损坏而碰壳短路，电气线路也可能因电线断落而接地短路，使正常时不带电的金属构架、地面等部位带电，也可能导致接触电压或跨步电压触电的危险。所以首先要切断电源。

（2）火灾发生后，由于受潮或烟熏，开关设备绝缘能力降低，因此，拉闸时最好用绝缘工具操作；切断电源的地点要选择适当，防止切断电源后影响灭火工作。

（3）如需切断电线时，不同相线应在不同部位剪断，以免造成短路；剪断空中电线时，剪断位置应选择在电源方向支持物附近，以防剪断电线掉下来造成接地短路或触电事故。对已落下来电线处要设警界区域。

（4）当一时无法切断电源时，为了争取时间，就需要采取带电灭火。带电灭火剂有：二氧化碳、四氯化碳、二氟一氯一溴甲烷（简称1122）、二氧二溴甲烷或干粉灭火剂都是不导电的。泡沫灭火机的灭火剂有导电性能，带电灭火严禁使用。

带电灭火时，现场所有人员应防止电线断落后触及人体，人与带电体保持安全距离。

（5）充油电气设备着火时，应立即切断电源再灭火。备有事故贮油池的，必要时设法将油放入池内。地面上的油火不能用水喷射，以防油火漂浮水面而蔓延扩大。

为了防止电气火灾的发生，现场上应备有常用的消防器材外，还应根据情况配备适当的带电灭火器材。

（6）当火势较大，一时难以扑灭或可能引起严重后果时，应立即通知消防部门，不可延误时机。

10 现场电工仪表的使用和维修操作技巧

10.1 电工仪表的使用方法

电工仪表是用来测量电压、电流、功率、电能等电气参数的仪表。施工现场常用的电工仪表有万用表、钳形电流表、兆欧表、接地电阻表等。

电工仪表的一个重要参数就是准确度，根据国家标准《电气测量指示仪表通用技术条例》的规定，电工仪表的准确度分为7级，各级仪表允许的基本误差见表10－1。

常用电工仪表准确度等级 **表10－1**

仪表准确度等级	0.1	0.2	0.5	1.0	1.5	2.5	5.0
基本误差（%）	±0.1	±0.2	±0.5	±1.0	±1.5	±2.5	±5.0

仪表准确度等级的数字是指仪表本身在正常工作条件下的最大误差占满刻度的百分数。正常条件下，最大绝对误差是不变的，但在满刻度限度内，被测量的值越小，测量值中误差所占的比例越大。因此，为提高精确度，在选用仪表时，要使测量值在仪表满刻度的2/3以上。

一、万用表

万用表是常用的多功能、多量限的电工仪表，一般可用来测量直流电压、直流电流、交流电压和电阻等。

万用表是一种整流式仪表，它由磁电式表头带整流装置组成，成为一种交直流两用电表。磁电式表头用来指示被测量的数值，由电阻和附加装置组成的各种测量线路，用来把各种被测量转换成适合表头测量的微小直流电流，利用转换开关实现对不同测量线路的选择，以适应各种测量要求。

用万用表测量时，测电压要将万用表并联接入电路，测电流时应将万用表串联接入电路，测直流时要注意正负极性。同时要将测量转换开关转到相应的档位上。使用万用表时应注意以下几点：

（1）转换开关一定要放在需测量档的位置上，不能搞错，以免烧坏仪表。

（2）根据被测量项目，正确接好万用表。

（3）选择量程时，应由大到小，选取适当位置。测电压、电流时，最好使指针指在标度尺 1/2 ~ 2/3 以上的地方，测电阻时，最好选在刻度较稀的地方和中心点，转换量限时，应将万用表从电路上取下，再转动转换开关。

（4）测量电阻时，应切断被测电路的电源。

（5）测直流电流、直流电压时，应将红色表棒插在红色或标有“+”的插孔内，另一端接被测对象的正极；黑色表棒插在黑色或标有“-”的插孔内，另一端接被测对象的负极。

（6）万用表不用时，应将转换开关拨到交流电压最高量限档或关闭档。

二、兆欧表

兆欧表俗称摇表、绝缘摇表，主要用于测量电气设备的绝缘电阻，如电动机、电气线路的绝缘电阻，判断设备或线路有无漏电、绝缘损坏或短路。

兆欧表的主要组成部分是一个磁电式流比计和一个作为测量电源的手摇高压直流发电机，与兆欧表表针相连的有两个线圈，一个同表内的附加电阻串联，另一个和被测的电阻串联，然后一起接到手摇发电机上。当手摇动发电机时，两个线圈中同时有电流通过，在两个线圈上产生方向相反的转矩，表针就随着两个转矩的合成转矩的大小而偏转某一角度，这个偏转角度决定于两个电流的比值，附加电阻是不变的，所以电流值仅取决于待测电阻的大小。

值得一提的是兆欧表测得的是在额定电压作用下的绝缘电阻阻值。万用表虽然也能测得数千欧的绝缘阻值，但它所测得的绝缘阻值，只能作为参考，因为万用表所使用的电源电压较低，绝缘物质在电压较低时不易击穿，而一般被测量的电气设备，均要接在较高的工作电压上，为此，绝缘电阻只能采用兆欧表来测量。一般还规定在测量额定电压在 500V 以上的电气设备的绝缘电阻时，必须选用 1000V ~ 2500V 兆欧表。测量 500V 以下电压的电气设备，则以选用 500V 摇表为宜。

常用国产兆欧表的型号有 ZC11 和 ZC25，其规格和技术数据见表 10 – 2。

常用兆欧表型号及技术数据 **表 10 – 2**

型号	额定电压（V）	准确度等级	量程范围（MΩ）
ZC25 – 1	100	1.0	100
ZC25 – 2	250	1.0	250
ZC25 – 3	500	1.0	500
ZC25 – 4	1000	1.0	1000
ZC11 – 1	100	1.0	500
ZC11 – 2	250	1.0	1000
ZC11 – 3	500	1.0	2000
ZC11 – 4	1000	1.0	5000
ZC11 – 5	2500	1.5	10000
ZC11 – 6	100	1.0	20
ZC11 – 7	250	1.0	50
ZC11 – 8	500	1.0	100
ZC11 – 9	50	1.0	200
ZC11 – 10	2500	1.5	2500
ZC28	500	1.5	200
ZC30 – 2	5000	1.5	10000

兆欧表在使用中须注意以下几点：

（1）正确选择其电压和测量范围。选用兆欧表的电压等级应根据被测电气设备的额定电压而定：一般测量 50V 以下的用电器绝缘，可选用 250V 兆欧表；50～380V 的用电设备检查绝缘情况，可选用 500V 兆欧表。500V 以下的电气设备，兆欧表应选用读数从零开始的，否则不易测量。因为在一般情况下，电气设备无故障时，由于绝缘受潮，其绝缘电阻在 0.5MΩ 以上时，就能给电气设备通电试用，若选用读数从 1MΩ 开始的兆欧表，对小于 1MΩ 的绝缘电阻无法读数。

（2）选用兆欧表外接导线时，应选用单根的多股铜导线，不能用双股绝缘线，绝缘强度要在 500V 以上，否则会影响测量的精确度。

（3）测量电气设备绝缘电阻时，测量前必须断开设备的电源，并验明无电，如果是电容器或较长的电缆线路应先放电后再测量。

（4）兆欧表在使用时必须远离强磁场，并且平放，摇动摇表时，切勿使表受振动。

（5）在测量前，兆欧表应先作一次开路试验，然后再做一次短路试验，表针在前次试验中应指到无穷大处，而后次试验表针应指在 0 处，表明兆欧表工作状态正常，可测电气设备。

（6）测量时，应清洁被测电气设备表面，以免引起接触电阻大，测量结果不准。

（7）在测电容器的绝缘电阻时须注意，电容器的耐压必须大于兆欧表发出的电压值，测完电容后，应先取下摇表线再停止摇动手柄，以防已充电的电容向摇表放电而损坏摇表，测完的电容要对电阻放电。

（8）兆欧表在测量时，还须注意摇表上 L 端子应接电气设备的带电体一端，而 E 端子应接设备外壳或接地线，在测量电缆的绝缘电阻时，除把兆欧表接地端接入电气设备接地外，另一端接线路后，还须将电缆芯之间的内层绝缘物接保护环，以消除因表面漏电而引起读数误差。

(9) 若遇天气潮湿或降雨后空气湿度较大时，应使用“保护环”以消除绝缘物表面泄流，使被测物绝缘电阻比实际值偏低。

(10) 使用兆欧表测试完毕后也应对电气设备进行一次放电。

(11) 使用兆欧表时，要保持一定的转速，按兆欧表的规定一般为 120 转/min，容许变动 ± 20%，在 1min 后取一稳定读数。测量时不要用手触摸被测物及兆欧表接线柱，以防触电。

(12) 摇动兆欧表手柄，应先慢再逐渐加快，待调速器发生滑动后，应保持转速稳定不变。如果被测电气设备短路，表针摆动到“0”时，应停止摇动手柄，以免兆欧表过流发热烧坏。

(13) 兆欧表在不使用时应放于固定柜橱内，周围温度不宜太冷或太热，切忌放于污秽、潮湿的地面上，并避免置于含侵蚀作用的气体附近，以免兆欧表内部线圈、导流片等零件发生受潮、生锈、腐蚀等现象。

(14) 应尽量避免剧烈的长期的振动，造成表头轴尖变秃或宝石破裂，影响指示。

(15) 禁止在雷电时或在邻近有带高压导体的设备时用兆欧表进行测量，只有在设备不带电又不可能受其他电源感应而带电时才能进行。

三、接地电阻表

接地电阻表用于测量各种电力系统、电气设备、避雷针等接地装置的电阻值，也可用于测量低电阻导体的电阻值和土壤电阻率。它由手摇发电机、电流互感器、滑线电阻和检流计等组成，另外附有接地探测针两支（电位探测针、电流探测针）、导线三根（其中 5m 长一根用于接地极，20m 长一根用于电位探测针，40m 长一根用于电流探测针接线）。

常用接地电阻表主要有 ZC29B 型，其主要技术数据见表 10 – 3。

接地电阻表技术数据 **表 10-3**

型号	测量范围（Ω）	最小分度值（Ω）	准确度等级
ZC29B-1	0~10	0.1	3
	0~100	1	
	0~1000	10	
ZC29B-2	0~1	0.01	
	0~10	0.1	
	0~100	1	

测量接地电阻时，接地电阻表 E 端钮接 5m 导线，P 端钮接 20m 导线，C 端钮接 40m 导线，导线的另一端分别接被测物接地极 E1、电位探棒 P1 和电流探棒 C1，且 E1、P1、C1 应保持直线，其间距为 20m。将仪表水平放置，调整零指示器，使零指示器指针指到中心线上，将倍率标度置于最大倍数，慢慢转动手摇发电机的手柄，同时旋动标度盘，使零指示器的指针指在中心线上，当指针接近中心线时，加快发电机手柄转速，使其达到 150 转/min，调整标度盘，使指针指于中心线上。如果标度盘读数小于 1，应将倍率标度置于较小倍数重新测量。当零指示器指针完全平衡指在中心线上后，将此时标度盘的读数乘以倍率标度即为所测的接地电阻值（图 10-1）。

使用接地电阻表时应注意以下问题：

（1）若零指示器的灵敏度过高，可调整电位探测针 P1 插于土壤中的深浅，若灵敏度不够，可沿电位探测针 P1 和电流探测针 C1 之间的土壤注水，使其湿润。

（2）在测量时，必须将接地装置线路与被保护的设备断开，以保证测量准确。

（3）必须要保证 E1 与 P1 之间以及 P1 与 C1 之间的距离，并确保三点在一条直线上，这样测量误差才可以忽略不计。

（4）当测量小于 1Ω 的接地电阻时，应将接地电阻表上 2 个 E 端钮的连接片打开，然后分别用导线连接到被测接地体上，以消除测量时连接导线的电阻造成附加测量误差。

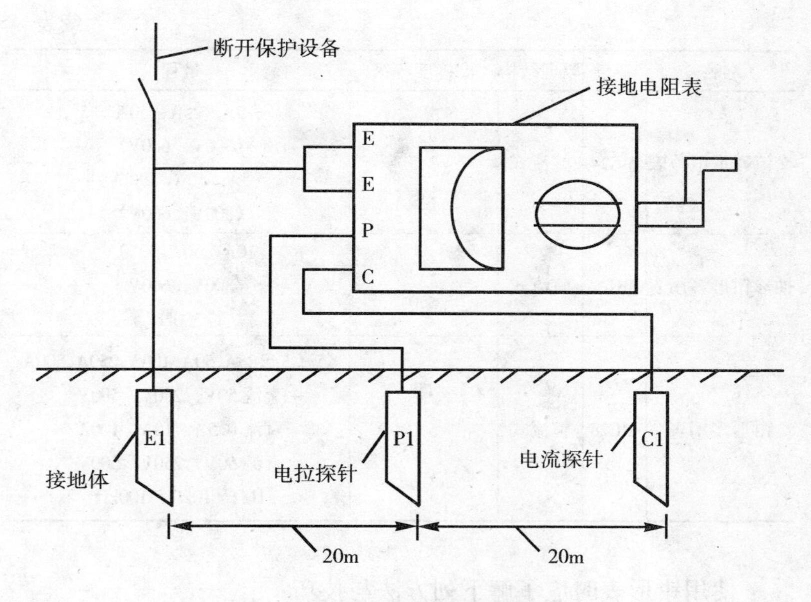

图 10－1　接地电阻测量接线

（5）禁止在有雷电或被测物带电时进行测量。

四、钳形表

钳形表主要用于在不断开线路的情况下直接测量线路电流。其主要部件是一个只有次级绕组的电流互感器，在测量时将钳形表的磁铁套在被测导线上，导线相当于互感器的初级线圈，利用电磁感应原理，次级线圈中便会产生感应电流，与次级线圈相连的电流表指针便会发生偏转，指示出线路中电流的数值。

常用钳形电流表的型号、规格及技术数据见表 10－4。

钳形电流表技术数据　　表 10－4

名称	型号	原理结构	准确度等级	量程
交直流两用钳形电流表	MG20	电磁式	5.0	100A,200A,300A,400A,500A,600A
	MG21	电磁式	5.0	750A，1000A，1500A

续表

名称	型号	原理结构	准确度等级	量程
交流钳形电流表	MG24	整流式	2.5	5A，25A，50A （300V，600V） 5A，50A，280A （300V，600V）
袖珍钳形多用表	MG27	整流式	2.5 5.0	10A，50A，250A 300V，600V 300Ω
钳形多用表	MG28	整流式	5.0	交流 5A,25A,50A,100A,250A,500A 交流 50V，250V，500V 直流 0.5A，10A，100A 直流 50V，250V，500V 1kΩ，10kΩ，100kΩ

使用钳形表时应了解下列方法与技巧：

（1）在使用钳形表时要正确选择钳形表的档位位置，测量前，根据负载的大小估计一下电流数值，然后从大档位向小档位切换，换档时被测导线要置于钳形表卡口之外。

（2）检查表针在不测量电流时是否指向零位，若不指零，应用小螺丝刀调整表头上的调零螺栓使表针指向零位，以提高读数准确度。

（3）因为是测量运行中的设备，因此手持钳形表在带电线路上测量时要特别小心，不得测量无绝缘的导线。

（4）测量电动机电流时，搬开钳口活动磁铁，将电动机的一根电源线放在钳口中央位置，然后松手使钳口密合好，如果钳口接触不好，应检查是否弹簧损坏或脏污，如有污垢，用干布清除后再测量。

（5）在使用钳形电流表时，要尽量远离强磁场（如通电的自耦调压器、磁铁等），以减少磁场对钳形电流表的影响。

（6）测量较小的电流时，如果钳形电流表量程较大，可将被测导线在钳形电流表口内绕几圈，然后去读数。线路中实际的电流值应为仪表读数除以导线在钳形电流表上绕的匝数。

五、漏电保护装置测试仪

漏电保护装置测试仪主要用于检测漏电保护装置中的漏电动作电流、漏电动作时间，另外也可测量交流电压和绝缘电阻。主要技术参数有：漏电动作电流 5 ~ 200mA，漏电动作时间 0 ~ 0.4s，交流电压 0 ~ 500V，绝缘电阻 0.01 ~ 500MΩ。

测量漏电动作电流、动作时间时，将一表棒接被测件进线端 N 线或 PE，另一表棒接被测件出线端 L 线（如图 10 - 2）。按仪表上的功能键选择 100 或 200mA 量程，按测试键，稳定后的显示数即为漏电动作电流值，每按转换键一次，漏电动作电流和动作时间循环显示一次。测量漏电动作电流时须注意，应先将测试仪与被测件连接好，然后再连接被测件与电源，测量结束后，应先将被测件与电源脱离，然后再撤仪表连接线。

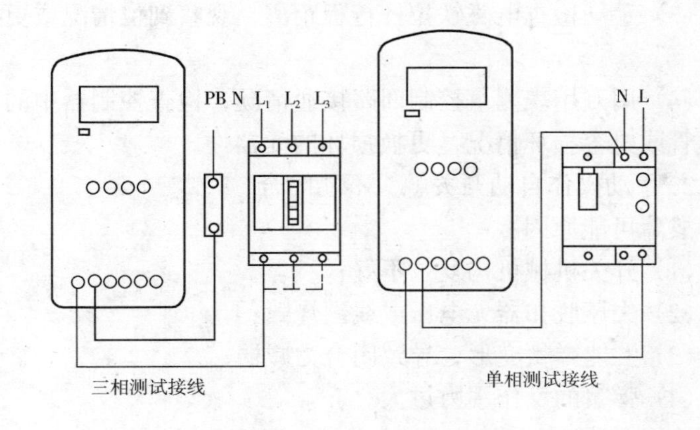

图 10 - 2　漏电保护装置测试仪测试接线图

测试前应检查测试仪、表棒等完好无损，表棒线不互绞，以免影响读数正确和安全使用。绝缘电阻插孔禁止任何外电源引入，改变测试功能时必须脱离电源，表棒改变插入孔再连线开机。

10.2 现场电工维修操作技巧

一、自动空气断路器（自动开关）的检修

1. 电动操作的自动开关触头不能闭合

故障可能原因：

（1）电源电压与开关所需电压不一致；

（2）电动机操作定位开关不灵，操作机构损坏；

（3）电磁铁拉杆行程不到位；

（4）控制设备线路断路或元件损坏。

检修方法：

（1）用万用表测量操作时所通入的电压和开关要求的电压是否一致，不一致应重新通入一致的电压。

（2）重新校正定位机构，更换损坏机构。

（3）手动检查电磁铁拉杆行程距离，观察到位情况或更换拉杆。

（4）用万用表测量控制回路接通情况，检查控制器中的整流二极管或电容损坏情况，更换损坏的元器件。

2. 手动操作自动开关触头不能闭合

故障可能原因：

（1）开关机械机构复位不好；

（2）失压脱扣器无电压或线圈烧毁；

（3）贮能弹簧变形，导致闭合力减弱；

（4）弹簧的反作用力过大。

检修方法：

（1）调整机械机构使其能复位。

（2）用万用表测量失压脱扣器上有无电压，有电压时应断开电源，用万用表电阻挡测量线圈，看其烧毁情况，如线圈断路或短路，应更换同型号线圈。

（3）重新更换贮能弹簧，使其恢复原状。

（4）重新调整弹簧，减少反作用力。

3．自动开关有一相触头接触不上

故障可能原因：

（1）自动开关一相连杆断裂；

（2）操作机构一相卡死或损坏；

（3）自动开关连杆之间角度变大。

检修方法：

（1）更换其中一相连杆。

（2）检查机构卡死原因，更换损坏件。

（3）把连杆之间的角度调整至170°为宜。

4．自动开关失压脱扣器不能自动开关分断

故障可能原因：

（1）自动开关机械机构卡死不灵活；

（2）反力弹簧力变小。

检修方法：

（1）打开开关，检查卡死原因，重新装配自动开关，使其机构灵活。

（2）调整反力弹簧，使反作用力及贮能力增大。

5．自动开关分励脱扣器不能使自动开关分断

故障可能原因：

（1）电源电压与线圈电压不一致；

（2）线圈烧毁；

（3）脱扣器整定值不对；

（4）电动开关机构螺丝未紧固。

检修方法：

（1）用万用表测线圈上的电压，核对与线圈的工作电压是否一致，不一致要重新通入合适电压。

（2）断开电源用万用表电阻挡量一下线圈是否烧毁，如果线圈烧毁应该更换。

（3）重新整定脱扣器的整定值，使其动作准确。

（4）检查开关所有螺丝，并加以紧固。

6. 在起动电动机时自动开关立刻分断

故障可能原因：

（1）负荷电流瞬时过大；

（2）过流脱扣器瞬时整定值过小。

（3）橡皮膜损坏。

检修方法：

（1）检查负荷是否在起动时超过自动开关的整定值，并处理负荷超载的问题，然后恢复供电。

（2）打开自动开关，重新调整过电流脱扣器瞬时整定弹簧及螺丝，使其整定到适合位置。

（3）若是空气式脱扣器，检查橡皮膜破损情况，并加以更换。

7. 自动开关在运行一段时间后分断

故障可能原因：

（1）较大容量的自动开关电源进出线接头连接处松动，接触电阻大，在运行中发热，引起电流脱扣；

（2）过电流脱扣器延时整定值过小；

（3）热元件损坏。

检修方法：

（1）对于较大负荷的自动开关，电源进出线要松开固定螺丝，去掉接触杂质，把接线鼻重新压紧。

（2）重新整定过流值。

（3）更换热元件，严重时要更换自动开关。

8. 自动开关噪声较大

故障可能原因：

（1）失压脱扣器反力弹簧过大；

（2）线圈铁心接触面不洁或生锈；

（3）短路环断裂或脱落。

检修方法：

（1）重新调整失压脱扣器弹簧压力。
（2）打开开关用钢砂纸打磨铁心接触面，涂上少许机油。
（3）重新加装短路环。
9. 自动开关辅助触头不通
故障可能原因：
（1）自动开关辅助触点卡死或脱落；
（2）自动开关辅助触点不洁或接触不良；
（3）自动开关辅助触点传动杆断裂或滚轮脱落。
检修方法：
（1）把自动开关打开，重新拨正装好辅助触点机构。
（2）把自动开关辅助触点清擦一次或用钢砂纸打磨触点。
（3）换同型号的传动杆和滚轮。
10. 自动开关在运行中温度过高
故障可能原因：
（1）通入开关的主导线接触处未压紧，接触电阻过大；
（2）自动开关触头表面磨损严重或有杂质，接触面减小；
（3）触头压力降低。
检修方法：
（1）重新检查主导线的接线鼻，并将导线在自动开关上压紧。
（2）用锉刀把触点打磨平整。
（3）调整触头压力或更换弹簧。
11. 带半导体过流脱扣的自动开关，在正常运行时误动作
故障可能原因：
（1）自动开关周围有大型设备的磁场对半导体脱扣开关的影响，使其误动作；
（2）半导体元件损坏。
检修方法：
（1）仔细检查周围的大型电磁铁分断影响，并尽可能使两者距离远些。
（2）用万用表检查电子元件，更换损坏的元件。

二、三相异步电动机故障检修

1. 三相异步电动机不能起动，且无任何声响

故障可能原因：

(1) 电源没电；

(2) 熔丝熔断数相；

(3) 电源线断线或有接触不良处；

(4) 按钮开关或起动设备卡死或控制线路接触不良；

(5) 过载保护设备动作。

检修方法：

(1) 用低压试电笔测量三相电源是否有电，如无电压要先接通电源。

(2) 用低压试电笔试该配电起动设备保险下桩头，检查是否三相都带电，如果某一相或其中两相、三相保险熔断要更换同样规格的保险丝。测量时要注意细心观察，看试电笔对每一相保险下桩头带电的亮度是否一致，以防感应电造成的错误判断。

(3) 检查线路有无接触不良处，找出故障后要重新把线头刮净接好。

(4) 检查机械吸合动作装置是否灵活，如卡死要重新进行装配并在某些地方加润滑油，然后断开电源用万用表检查开关、按钮，看常开点是否能按下闭合，常闭点是否接通复位，以及起动设备、电机绕组接触处是否良好。

(5) 首先检查过载保护调整的电流与电动机额定电流配合是否合适，如不合适，要调整好并复位。

2. 三相异步电动机不能起动，且有开关动作声或电机嗡嗡响

故障可能原因：

(1) 电源线路有一相断线；

(2) 熔丝熔断一相；

(3) 星形绕组有一相断线或三角形绕组的电动机有一相或两相断线处；

(4) 电源电压过低；

（5）把三角形误接成星形，电动机内部首尾线接错（重负荷把△形接为 Y 形难以起动）；

（6）定子与转子相摩擦；

（7）负载机械卡死；

（8）电机轴承损坏卡死或润滑脂过多过硬；

检修方法：

（1）用试电笔检查电源是否缺相，如缺相应找出断相点修复供电。

（2）用低压试电笔测电动机配电设备的保险下桩头是否有一相熔断（注意排除感应电），如果熔断要更换。

（3）拆下电动机接线端子上的电源线，用万用表重新检查电动机三相绕组有无断线处，如果测出电动机绕组内部的三相绕组有一相断线，或三角形接法绕组有两相断线，这时需打开电动机端盖，找出断线点的接头重新接好；如果是线圈本身有局部烧坏，则需局部换线或重新绕制电动机绕组。

（4）首先用万用表测三相电源电压是否达到 380V，如果电源电压过低，应找出过低的原因。如果线路较长，电源线较细。这时应适当升高电力变压器输出电压；如果是电网电压过低，应向供电部门申请加以修复。

（5）打开电动机接线端盒，查找接线有无错误。如果是把电动机三角形接法误接为星形时，要重新正确接线；如果是把电动机首尾接错，首先要用万用表或是灯泡把电动机首尾先找出来，然后按照电动机铭牌上所标的接线方法重新接好。

（6）把电动机打开，抽出转子清除污垢、铁锈，经校准后重新装配。

（7）首先用手转动一下电动机皮带轮或电动机对轮，观察是否负荷过重或卡死，如果电动机功率过大，这时就要用大管子钳来加大力臂，转动一下电动机传动轮看其是否能转动一点，来判断机械卡死现象。

（8）打开电动机检查轴承是否损坏，更换新的润滑油脂，如轴承损坏严重，也应换新轴承。

3. 电动机起动困难，起动时熔丝熔断或起动后转速较低

故障可能原因：

（1）电源电压过低；

（2）电动机的负载过重、卡死；

（3）定子绕组一相接反或把星形误接成三角形或把三角形误接成星形；

（4）电动机三角形接法时接线绕组的一相中断，定子线圈有短路或接地；

（5）转子笼条或端环断裂；

（6）电动机轴承损坏；

（7）电动机转子与电动机中心轴是否脱开；

（8）电动机所配保险是否过小；

（9）电动机受潮严重，内部进水短路。

检修方法：

（1）检查电源电压过低的根本原因。如果是线路太长、导线太细，要重新架设截面积较大的线路，从而减少电压降。如果是专用电力变压器供电时，要与供电部门协商，把变压器电压适当调高些。

（2）检查机械传动装置，皮带是否过紧，过紧时要把皮带调整得松紧适当，负载机械有无卡死现象，如果为负载过重，要首先处理机械负载方面的原因。

（3）打开电动机接线端子，拆除电源线检查定子绕组有无一相接反。如果电动机原来为△形接法，现接成了 Y 形，又加上重负载起动，电动机起动就很困难，这时要按正确方法更正接线方式。

（4）首先用 500V 兆欧表测电动机定子线组三相对地的绝缘电阻，如果为零，就要分析三相绕组对地短路的原因。如是潮湿所致，应烘干处理后再测量。如果绝缘层损坏，是因为连接线对电机外壳短路，要重新换新的连接导线；如果是线圈本身内部对

电机外壳短路，就需更换电动机绕组。电动机如有匝向短路，首先打开电动机，观察线圈变色部位，进行局部修复；查出短路点要及时修复或更换电动机绕组。

（5）检查出电动机转子笼条端环断裂痕迹，应更换转子。

（6）打开电动机观察轴承损坏情况，如轴承旷动太大，应更换。

（7）检查电动机转子与电动机中心轴是否脱开。如果脱开要重新焊接。

（8）电动机熔丝要选配适当，首先观察所使用的电动机功率，然后看电动机铭牌上的额定电流，若是重负荷起动，熔丝的额定电流为电动机的额定电流的1.5~2.5倍即可。

（9）打开电动机接线盒盖，观察潮湿情况，可用500V兆欧表测量电动机绝缘情况，对地为零时应对电动机清除污垢后进行干燥处理，如果烘干后仍短路，就对电动机绕组进行重新绕制。

4. 电动机三相电压严重不平衡或三相电流同时增大，致使温度过高甚至冒烟

故障可能原因：

（1）电源电压不平衡；

（2）电动机单相运转；

（3）电源电压过低或过高；

（4）电动机过载；

（5）电动机在换绕组时，部分线圈接线错误或电动机三相绕组接线错误；

（6）电动机绕组采用多根并绕或多路并联方式时，其中部分导线或支路有断线。

（7）电动机轴承损坏，电动机转子和定子相接触。

检修方法：

（1）首先用万用表测三相电压是否平衡，严重不平衡时，要考虑电力变压器，并测三相是否断相或接地，要从电力变压器查起。当高压平衡时，应查低压侧线路有无断相，接地或某处接触

不良。

（2）造成电动机单相运转的原因很多，后果又较严重，所以要慎重对待这一问题。首先细心听电动机在运行中的声音，若是断相运行时，电动机会发出“嗡嗡”声，电动机转速会下降，方向会随着惯性改变。特别是正反转操作时正转为正常运行，而操作反向运转时方向却不变，这就可以确定是电动机反向运转断相。另外电动机断相运转时其外壳的温度会升得很高，并可嗅到焦糊味。为进一步确定电动机是否断相运行，可用万用表测电动机三相电压是否平衡，如三相电压平衡时再用钳形电流表测量电动机三相引出线上的电流是否平衡，若一相无电流或电流较小时，则可判断电动机处于单相运行。

（3）电源电压过低或过高时，可用万用表测量。当电压过低时，要考虑是否电源线过长过细，或是这条线路负载是否过重。若电源电压过高则应检查是否这条线路无功功率补偿过多。另外还要考虑供电线路是否电压过高，可适当调整供电电压。

（4）检查电动机过载时，一般先用手转动电动机对轮或是皮带轮，看其是否卡死或过重，若一时判断不清，就让电动机空载运行并测其空载电流是否正常，当空载电流正常时，则应让其重新拖动负载运行，再测其电流，当电流超过额定值时则可确定为电动机过载。判断电动机是否过载还应注意排除其本身不明显的故障，如电动机转子转轴不同心、绕组有较轻的匝间短路等问题。

（5）电动机运行不正常，还应考虑在这之前是否换过绕组或重新对电动机进行过电源接线。

（6）如电动机是采用多根漆包线并绕或多路并联方式绕制三相绕组时，还需打开电动机查找有无某支路断路或是否因有脱焊而造成线圈横截面积减小，使电动机温升过高。

（7）检查电动机轴承情况，如轴承损坏，需更换同型号的轴承，并重新装配电动机。

5. 线绕式异步电动机电刷冒火，滑环过热或烧坏故障可能原因：

（1）滑环表面不平整，不圆或不清洁；

（2）电刷在刷架内卡死；

（3）电刷型号、尺寸与原刷架不匹配；

（4）电刷与滑环接触面不够；

（5）电刷压力过小或过大。

检修方法：

（1）用砂布磨平滑环表面，清除污垢，修整滑环并校正同心度。

（2）取出卡死的电刷用砂布磨小，使其在刷架内活动自如。

（3）按与电动机配套的电刷规格更换同型号电刷。

（4）仔细用细砂纸研磨电刷，使其与滑环接触紧密。

（5）检查电刷是否已磨损得过短，磨损严重要更换新电刷，并适当调整弹簧压力。

6. 电动机轴承发热

故障可能原因：

（1）电动机轴承损坏；

（2）轴承与轴配合过紧或过松，轴承与端盖配合过紧或过松；

（3）轴承润滑脂过多或过少；油脂过脏或混有固体杂质颗粒；

（4）滑动轴承油环磨损严重或转动不灵活；

（5）传动带过紧或联轴器装配不同心；

（6）电动机两侧轴承端盖未装平。

检修方法：

（1）检查电动机轴承，如发现损坏应选用质量较好的装配使用，避免轴承发热。

（2）电动机轴承与轴的配合精度较高，故当轴承与轴配合过松时应在转轴上镶套；松动轻微且电动机容量不大时可把轴打毛；当配合过紧时，应将轴加工到标准尺寸。

（3）轴承要定期清洗加油，加油前应先用汽油把电动机轴承过脏的部位清洗干净，然后换上新润滑脂；加油时油脂的量不宜超过轴承室容积的70%，但也不宜过少。

（4）打开电动机，查明轴承磨损处，加以修复或更换新轴承，并选用较稀的润滑油。

（5）重新调整传动带的张紧力，校正联轴器，使其有较好的同心度，并紧好电动机地脚螺栓。

（6）将端盖或轴承盖齿口装平，对称均匀地旋紧固定螺钉，注意不可将其中一个先紧死后再紧别的螺丝。

7. 电动机有异常的振动或声响

故障可能原因：

（1）电动机基础不稳或校正不好，安装固定不符合要求；

（2）转子风叶碰触风叶罩外壳或风叶片某处损坏造成转子不平衡；

（3）转子铁芯变形或轴弯曲有裂纹；

（4）电动机传动装置不同心或传动带接头不好或对轮与齿轮配合不好；

（5）滑动轴承与轴承内圈间隙过大或过小；滚动轴承在轴上装配不好，轴承损坏严重；

（6）电动机单相运行，有嗡嗡声；

（7）机座和铁芯配合不好；

（8）转子笼条或端环断裂；

（9）电动机绕组有短路、并联支路断路或开路，绕组绝缘损坏有接地处。

修理方法：

（1）检查电动机基础的安装情况，如不牢固时应重新加固安装，并加以校正。

（2）校正风叶，旋紧螺钉。如果风叶片损坏不对称时，应设法从对称角度去掉对方的另一片风叶的一部分，使风叶整体基本对称平衡。损坏严重则应重新更换。

（3）将转子在车床上用千分表找正并校正弯轴，严重时应更换新轴。

（4）如果是电动机所带的传动带接头不好时，应重新接好。对轮齿轮不平衡时要做静平衡或动平衡试验加以校正。

（5）打开电动机细心检查滑动轴承的情况，并处理间隙过大过小的问题。检查轴承的装配情况，轴承损坏时要更换新轴承并重新加油。

（6）电动机单相运行时会有异常振动或伴有“嗡嗡”声，电动机单相运行时要立即停止，查出缺相原因并接上缺相的保险丝或是接上缺相的电线接头再重新起动电动机。

（7）机座和铁芯配合不紧密时要重新加固。

（8）转于笼条或端环断裂较为少见，可打开电动机，直接观察转子上的烧伤痕迹即可发现，如确定是转子笼条或端环断裂时，要重新铸铝，严重时要更换新转子。

（9）打开电动机用万用表查找断线处并接好，或用500V兆欧表检查对地绝缘情况，看有无短路。查出电动机绕组断线、短路或接地处，要予以修复，损坏严重时应重新更换电动机线圈。

8. 电动机电流未超过额定值，而电动机内部温度过高

故障可能原因：

（1）电动机周围环境温度过高；

（2）电动机灰尘、油泥过多，通风不畅，影响散热，电动机上的风叶损坏严重，角度不对；

（3）电动机受太阳直接曝晒；

（4）电动机受潮或浸漆后未烘干；

（5）电源电压过高、过低；

（6）转子运转时与定子相摩擦使温度升高，或是铁心部分硅钢片之间绝缘不良有毛刺；

（7）电动机绕组接线错误或局部有短路、断路、接地等故障。

检修方法：

（1）电动机周围环境温度过高，有满负荷运转，热量不易散发，使电动机温度过高。这时可改善环境温度，保持通风良好，必要时可采用大排风扇降温。对连续工作，且必须在高温环境中运行，可换绝缘等级较高的电动机。

（2）检查电动机通风孔道是否堵塞，清除灰尘、油泥以及影响通风的东西，周围设施尽量远离电动机。

（3）电动机在户外应用，应增设遮阳设施和防雨设施。最好根据电动机的大小在电动机上方焊一个铁架子，上面加装铁皮，一方面防阳光曝晒，一方面起防雨防潮作用。

（4）一旦检查出电动机因受潮或浸漆后未烘干，就要尽量拆下电动机去彻底地进行一次干燥处理。

（5）用万用表检查电动机三相电压是否过高或过低，如果因电压不正常使电动机过热，应对线路进行检查。

（6）一般转子与定子相互摩擦大多因电动机轴承损坏所致，可更换轴承。如铁芯之间有毛刺，可用钢锉将毛刺削掉。

（7）对照电动机铭牌检查电动机绕组接线方式是否正确，如接错应予纠正。

三、电动机起动设备故障检修

1.起动设备中的电磁铁线圈过热

故障可能原因：

（1）电磁铁线圈的额定电压与实际接入的电压不符；

（2）电磁铁的牵引过载；

（3）电磁铁两极面间不紧贴或机械卡住不灵活；

（4）制动器的工作方式与线圈的特性不一致；

（5）线圈质量差或线圈匝数不够、匝间有短路处。

检修方法：

（1）检查电磁铁线圈上的额定电压和工作频率。一般电磁铁需使用的额定电压为380V、220V、127V、36V、12V等，接入的电源方式有交直流两种。用万用表测实际输入的额定电压是否一致，如不一致，重新引入与线圈一致的电压。

（2）检查机械机构是否灵活，必要时需调整弹簧压力或重锤位置。

（3）适当调整制动器机械部分，消除间隙。

（4）制动工作方式如与线圈的特性不一致，需更换线圈。

（5）检查线圈绝缘情况。如果绝缘质量差，匝数不够，或线圈有匝间短路时，应更换线圈。

2. 起动设备中的电磁铁工作时有较大的噪声

故障可能原因：

（1）电磁铁极面有污垢或生锈严重；

（2）电磁铁的两极面接触不正；

（3）电磁铁的极面磨损严重或不平整；

（4）单相电磁铁上的短路环断裂或脱落；

（5）电磁铁过载；

（6）电磁铁衔铁与机械部分的连接销松脱；

（7）电磁铁所通入的工作电压太低；

（8）三相电磁铁某一线圈烧坏或接入的电源缺相。

检修方法：

（1）拆开电磁铁用布擦去污垢，或用细砂纸打磨生锈的电磁铁接触面，最后用布擦干净，可涂上少许的机油（注意涂完后，还需用布擦去）。

（2）调整电磁铁极面位置，使其对正。

（3）打开电磁铁，根据情况和磨损程度用铁锉修整极面。

（4）检查出短路环断裂要重新焊接或重新做短路环，并且还需检查弹簧的压力使其适当。

（5）检查电磁铁是否过载，根据具体情况，调整弹簧压力或重锤位置。

（6）重新上好、配齐连接销。

（7）用万用表检查所通入电磁铁上的电压是否与线圈所要求的额定工作电压一致。

（8）检查线圈有无烧坏，应换相同线圈。用万用表检查线圈电源是否缺相，并恢复三相电源。

3. 起动设备中的电磁铁机械磨损严重或断裂

故障可能原因：

（1）电磁铁衔铁振动严重；

（2）电磁铁线圈所加电压高于工作电压，引起冲击力过大；

（3）工作过于频繁；

（4）润滑机构不良。

检修方法：

（1）检查衔铁振动严重的原因所在，调整弹簧或更换部件。

（2）用万用表测工作电压查对与线圈所需用的电压是否差别太大，并采取措施接入相对应的电压。

（3）检查电磁铁机构无问题时，还要考虑是否操作过于频繁，一般电磁铁工作频率每分钟时有要求的，如操作过于频繁，须改变操作方式。

（4）检查电磁铁润滑是否良好，在转换机构上适当加些润滑油，尽量避免长时间空气潮湿或长时间在有腐蚀性气体中工作。

4. 手动控制开关触头严重过热或烧毁

故障可能原因：

（1）线路中所通过的电流超过触头的额定值；

（2）手动控制开关触头压力不够；

（3）触头与触点接触表面不洁；

（4）触头质量不好；

（5）触头超过本身动作的行程距离。

检修方法：

（1）检查负载本身有无故障，如有要处理负载超电流故障，如果负载在正常工作下额定电流较大，可改用较大容量的手动电器开关。

（2）检查开关触点压力不够的原因，适当调整触头弹簧压力。

（3）打开开关，用布擦磨不洁的触头表面去除脏物。

（4）更换质量合格的触头。

（5）检查触头超行程的原因，如是机械机构损坏，需更换。

5. 手动开关手把转动失灵或按不下去或不复位

故障可能原因：

（1）定位机构部件磨损严重或损坏；

（2）静触头固定螺丝松动脱落；

（3）触头熔焊不复位；

（4）手动开关内部卡死或部件内有杂物；

检修方法：

（1）修复定位机构部件，损坏严重时要更换。

（2）用螺丝刀旋紧固定螺丝，重新装配。

（3）打开开关，把熔焊点分开，用砂纸打平再用。

（4）消除手动开关内部的杂物重新装配。

6. 接触器、继电器、磁力起动器线圈过热或损坏烧毁

（1）线圈额定电压与实际通入的电压不符合或需直流而通入交流，或需交流而通入直流；

（2）线圈通断电过于频繁；

（3）线圈有机械擦伤短路点或在空气潮湿含有腐蚀性气体中工作，导电尘埃使线圈匝间短路；

（4）弹簧的反作用力过大；

（5）线圈通电后衔铁吸不紧，有一定间隙或衔铁错位。

故障检修方法：

（1）用万用表测量实际通入的电压，然后检查线圈所标的额定电压是多少，看是否一致。如果不符，可用控制变压器升降压方法来获得所需电压，另外还要注意交直流线圈，使用交流就接入交流电，用直流就需用直流电接入。

（2）线圈通断电的次数每分钟要尽可能少些，以避免线圈过热，如工作要求频繁动作，就需要更换与工作要求相符的接触器或继电器。

（3）检查线圈是否有机械擦伤现象，或太脏、太潮湿、内部

有绝缘损坏现象，如果有这种情况，首先要更换线圈，其次要改善工作环境。

(4) 适当调整弹簧的反作用压力。

(5) 打开接触器，检查其衔铁吸不紧的原因，清除杂物，校正错位，重新装配。

7. 接触器、继电器、磁力起动器触头过热或灼伤、熔焊

故障可能原因：

(1) 触头的通断容量不够；

(2) 触头的质量差，在起动电动机时，极易熔焊；

(3) 触头弹簧压力大小；

(4) 触头上有氧化膜或太脏，接触器电阻太大；

(5) 触头超行程太大；

(6) 触头的开断次数过频繁；

故障检修：

(1) 检查出负载容量，特别是电动机的起动电流大于触头通断容量时要更换大容量的接触器或磁力起动器。

(2) 触头质量差，经常发生起动电动机时触头被熔焊，要更换质量合格镀银的触头。

(3) 适当调整弹簧的压力。

(4) 先用细砂纸打平触头，然后用棉布擦尘污把触头磨光滑。

(5) 调整运动系统或更换合适的触头。

(6) 减少触头在较短时间内的通断次数。

8. 接触器、磁力起动器、继电器工作时，噪声太大

故障可能原因：

(1) 磁铁极面生锈或有污垢；

(2) 磁铁极面磨损严重或是不平整；

(3) 交流接触器短路环开路或脱落；

(4) 衔铁与机械部分间连接销松脱；

(5) 磁铁接触时，两面不对称歪斜；

（6）弹簧反作用力过大。

故障检修方法：

（1）打开接触器或磁力起动器，用布清除污垢，用细砂纸擦磨生锈面，然后用布擦干净上一点润滑油，再用布擦一下，即可装配使用。

（2）拆开内部修整极面，使其平整。

（3）检查短路环是否脱落断裂，如断裂需重焊或更换新短路环。

（4）重新装好连接销。

（5）校正调整机械机构使其对称。

（6）适当再调整一下弹簧压力。

9. 接触器、磁力起动器、继电器衔铁吸不上

（1）线圈断线或线圈烧毁；

（2）衔铁机械部分可动部分卡住或不灵活；

（3）通入的电压与线圈所需的电压不符；

（4）机械机构生锈或歪斜。

故障检修方法：

（1）用万用表电阻档测线圈两端通断情况，如果电阻无限大或极小，均属不正常，表明线圈已短路或烧毁，这时可更换同型号的线圈。

（2）打开接触器、清除杂物重新装配。

（3）用万用表测所通入的线圈电压，检查与线圈所要求的电压是否一致，不一致要调整电压。

（4）打开接触器擦磨清除生锈部位，并上润滑油，接触面歪斜时还要调整或更换配件。

10. 接触器、磁力起动器、继电器动作缓慢

故障可能原因：

（1）动作机构不灵活；

（2）极面间间隙过大；

（3）电器的底板上部较下部凸出。

检修方法：

(1) 打开接触器清洗，重新装配，使动作灵活自如。

(2) 调整机械部分，减小间隙。

(3) 把接触器或磁力起动器安装直。

11. 接触器、磁力起动器、继电器断电时衔铁不释放

故障可能原因：

(1) 触头熔焊在一起；

(2) 磁铁有剩磁；

(3) 衔铁或机械部分被卡住；

(4) 电器的底板下部较上部凸出；

(5) 触头间弹簧压力过小；

(6) 极面油污过多，自身沾吸；

(7) 直流非磁性衬垫片过度磨损，太薄。

检修方法：

(1) 检查触头熔焊的原因，若为触头质量差，应更换合格的触头；若为触头容量小，要更换整个接触器，换容量较大接触器。如果在正常情况下，负载突然过载引起触点熔焊，先要断开电源，打开接触器灭弧罩，把熔焊触点一个一个地分开，然后用细砂布磨平、擦净，排除负载故障后继续使用。

(2) 如果磁铁剩磁严重，要更换铁芯。

(3) 打开接触器，清除障碍物，重新装配。

(4) 把电器安装正直些。

(5) 适当调整触头压力。

(6) 打开接触器或磁力起动器，把磁铁的所有极面全部用布擦干净，清除油污，即可消除故障。

(7) 加厚垫片，严重磨损要更换垫片。

四、交流电焊机的检修

1. 交流电焊机不能起弧

故障可能原因：

(1) 电源没电压，或380V交流电焊机只通入一相火线；

（2）电源电压过低；

（3）电焊机接线有误；

（4）电焊机焊把线截面积太小；

（5）电焊机绕组有短路或断路处。

检修方法：

（1）用验电笔测电焊机有无电压，若是220V交流电焊机，应是一根火线一根零线，若两根无电，则无电源电压。这时，可检查开关、保险，若两根均使验电笔发亮，则是零线断路。交流电焊机如果接入380V电源，有两根导线均使验电笔发亮，而电焊机不起弧，则可能有一相电源没通入，这时应着重查找另一相电源是否保险熔断或接触不良。找出问题后应恢复供电。

（2）用万用表测交流电压是否过低，测得实际工作电压过低应从线路上查找问题，并提高电压后，再使用电焊机。

（3）对照电焊机线路图，检查电焊机初、次级的接线是否有误，是否线圈连接片接错，是否将380V的交流电焊机接入220V上。查出接线错误处应断电及时更正。

（4）电焊机次级焊把线若过长过细，应更换合格的交流电焊机焊把线。

（5）检查电焊机绕组有无短路。在接入初级电压后（次级开路），可用钳形电流表测电焊机空载电流，如空载电流过大，说明电焊机短路，应断电后进行查找，并修复短路点。对于电焊机开路，可用万用表测交流电焊机初、次级有无开路线圈，发现开路应连接好开路线圈。

2. 电焊机在接通电源时，熔丝熔断或电焊机漏电

故障可能原因：

（1）电源线有短路点或有接地点；

（2）电焊机初、次级线圈有短路点；

（3）电焊机初级或次级线圈受潮接地；

（4）电焊机电源线与电焊机外壳或焊把线接触；

（5）电焊机线圈长期过载或绝缘老化。

检修方法：

（1）把电焊机电源线拆掉，单独用万用表测两根导线是否短路，如果短路要查找短路点或更换新的电焊机电源线。

（2）用钳形电流表测初级空载电流，若电流过大应查找是初级短路还是次级短路，找出短路点并隔离处理并加强此点的绝缘。

（3）在电焊机断开电源后，用500V兆欧表测量初级与次级绝缘电阻，并再一次测量线圈初级与外壳、线圈次级外壳的绝缘电阻，查出绝缘电阻太低，要对电焊机做110℃烘干处理。

（4）检查电焊机电源线是否与焊把线以及外壳相接触，也可用兆欧表测量，查出问题做相应处理。

（5）电焊机绝缘严重老化要重绕电焊机线圈。

3.电焊机线圈过热或铁心过热

故障可能原因：

（1）电源电压过高；

（2）电焊机过载；

（3）电焊机线圈有短路点；

（4）铁芯硅钢片有短路处；

（5）铁心夹紧螺杆及夹件有绝缘损坏处；

（6）重新绕制的电焊机线圈匝数不够。

检修方法：

（1）用万用表测量电焊机电源电压是否与电焊机的额定电压一致，不一致要调整电压，若线路电压过高，要从线路上查找问题，处理后再通电。

（2）按规定的暂载率下的焊接电流值使用电焊机。

（3）检查线圈短路点并进行绝缘处理，若短路严重，要重新绕制电焊机线圈。

（4）拆下电焊机硅钢片，重新清洗，并刷绝缘漆。

（5）更换铁心夹紧螺杆上的绝缘物。

（6）重新计算并把线圈匝数补绕够。

4. 电焊机调节手柄不动或铁心不能移动

故障可能原因：

（1）电焊机调节机构磨损严重；

（2）电焊机调节机构锈死；

（3）移动机构有障碍物卡着。

检修方法：

（1）更换磨损严重的机械部件。

（2）用汽油纱线清洗除锈，并调整电焊机手柄。

（3）观察电焊机内部，清除障碍物。

5. 电焊机在工作时噪音大，且有较大的振动

故障可能原因：

（1）电焊机动铁心上的螺杆和拉紧弹簧松动或脱落；

（2）电焊机铁心硅钢片未夹紧；

（3）传动动铁心或动线圈机构卡死；

（4）电焊机初级或次级线圈有短路处。

检修方法：

（1）检修电焊机动铁芯螺杆夹紧处，并进行加固，拉紧弹簧。

（2）重新紧固电焊机硅钢片的紧固点。

（3）修理传动机构，检查电焊机上的手柄、螺杆齿轮等，操作机构不灵活时，修复并上些机油。

（4）检查电焊机线圈短路点，并进行绝缘处理，如果线圈老化，严重时要重绕线圈。

五、电工常用仪表故障检修

1. 电压表不指示电压

故障可能原因：

（1）线路中未把电压通过来或此线路中无电压；

（2）线路中保险丝已断；

（3）带有电压转换开关的触点有接触不良处；

（4）电压表内部线路断路或线圈断路。

检修方法：

（1）用万用表电压档测电压表接线柱上有无电压通入，如无电压，应检查线路故障，经处理后送电。

（2）检查该支路的保险是否熔断，要及时更换保险丝。

（3）检查换向转换开关接触点是否接触可靠，可用万用表在断开电源下测量其接触电阻，接触不良要打开开关修复，严重的要更换电压转换开关。

（4）打开电压表检查内部断线处，接好恢复；如无断线点，要用万用表电阻挡测电压线圈是否断路，断路时要更换线圈。

2. 电压表指示不准确

故障可能原因：

（1）表针弹簧游丝被卡住；

（2）表针与面板或外罩玻璃碰触，表针阻力大；

（3）串接的分压电阻阻值改变。

检修方法：

（1）检查表针弹簧游丝被卡住的原因，修复或更换游丝。

（2）校准表针，把外罩玻璃垫高些。

（3）更换与电压表配套的分压元件。

3. 电流表不指示电流

故障可能原因：

（1）被测线路无电流通过；

（2）电流表接线线路有断路处；

（3）电流表接有互感器的二次侧有断路处；

（4）电流表内部线圈断路。

检修方法：

（1）电流表若系交流，可用钳型电流表核对是因电流过小不指示，还是因线路无电流通过，查找外部因素加以解决。电流表若为直流，需加装分流器后用万用表直流挡检查判断是外部因素还是表本身问题。

（2）查出线路的断线处加以接通，若是表内部线路断路，需打开电流表加以修复。

（3）立即断开电源，并接通带电流互感器的二次侧回路，找出断线原因。

（4）用万用表测电流线圈是否断路，如断路要换线圈。

4. 电流表指示不准

故障可能原因：

（1）表内弹簧游丝被卡住；

（2）表针与面板接触阻力大；

（3）表内线圈短路或交流表与互感器比值不配套。

检修方法：

（1）更换弹簧游丝。

（2）校准表针并垫高外罩。

（3）更换电流表线圈。换与表配套的电流互感器。

5. 单相电度表不转或倒转

故障可能原因：

（1）直接式单相电度表其电压线圈端子小连接片未接通电源；

（2）如果是经电流互感器接电度表的，互感器二次侧极性接反；

（3）电表安装倾斜；

（4）电度表的进出线相互接错引起倒转。

检修方法：

（1）打开电度表接线盒，观察电压线圈的小钩子是否与进线火线连接，未连接要进行连接。

（2）互感器二次侧极性接反，要重新连接。

（3）电度表安装位置校正。

（4）单相电度表应按接线盒背面线路图正确接线。

6. 三相四线有功电度表不转或倒转

故障可能原因：

（1）直接接入式三相四线制电度表电压线圈端子连片未接通

电源电压；

(2) 电度表电源与负载的进出线顺序相互接错；

(3) 电度表的电压线圈与电流线圈在接线中未接在相应的相位上；

(4) 经电流互感器接入的电度表，二次侧极性接反；

(5) 电度表的零线未入表内。

检修方法：

(1) 打开电度表，检查三相四线制电度表电压线圈的小钩子连片是否未接通电源电压，如果未接通应接在电源上。

(2) 对照电度表线路图把进出线相互调整过来。

(3) 更正错误接法。

(4) 电流互感器的二次侧一般是有极性的，所以经电流互感器接入电度表的也要纠正接线极性。

(5) 检查电度表零线断线故障点，并把电度表零线接上。

7. 兆欧摇表的发电机发不出电压或发也电压很低

故障可能原因：

(1) 线路接头断线；

(2) 发电机绕组断线；

(3) 碳刷接触不好，碳刷磨损过短或在碳刷架内卡死。

检修方法：

(1) 打开兆欧表，找出断线线头并焊接上。

(2) 重新绕制线圈。

(3) 更换同型号碳刷，并用钢砂纸打磨碳刷和整流环表面。

8. 兆欧表发电机电压低，摇动柄很重，有卡碰现象。

故障可能原因：

(1) 兆欧表发电机转子与磁轭相碰；

(2) 各增速齿轮啮合不好或小轴承油干损坏；

(3) 发电机整流环片有污垢或有短路处；

(4) 发电机并联电容击穿；

(5) 内部线圈或线路有短路处。

检修方法：

（1）拆下兆欧表的发电机进行细致检查，处理相碰处，重新装配好。

（2）重新调整齿轮位置，啮合好，然后用汽油清洗小滚动轴承。对损坏严重件要更换。

（3）拆开发动机转子对其进行清洗，用酒精清洗整流环以及其他绝缘处，最后用风扇吹干。

（4）用万用表把焊下的电容测一下，看其是否短路、断路、损坏时要更换电容。

（5）对发动机线圈短路和线路某处短路用酒精清洗，并吹干再用。如发动机线圈损坏严重，要重新绕制线圈。

9. 兆欧表指针不指零位

故障可能原因：

（1）电流回路的电阻阻值变大；

（2）电压回路电阻阻值变小指针指不到零；

（3）电流线圈或零点平衡线圈有短路或断路处；

（4）导丝变质变形。

检修方法：

（1）用数字万用表测电阻阻值，如阻值不对，应更换电流回路的电阻。

（2）用数字万用表对照兆欧表内电压回路电阻上所标的电阻阻值，测量它们是否一致，不一致要更换。

（3）重新更换电流线圈或者是零点平衡线圈。

（4）用尖嘴钳修整导丝或更换导丝。

10. 电工常用功率表、功率因数表不走

故障可能原因：

（1）仪表控制线路有断线处；

（2）电流互感器二次线连接点有断线处；

（3）电压互感器二次线断路或短路；

（4）电源电压保险熔断；

（5）电表游丝卡住表盘摩擦阻力大；

（6）电表内部电流线圈或电压线圈损坏。

检修方法：

（1）检查断线处，并接通断线点。

（2）切断电源，认真检查二次侧断路点，并接通二次侧线路。

（3）更换短路电压互感器或修复再用。

（4）更换保险丝。

（5）打开电表更换游丝，校准表盘。

（6）更换损坏线圈。

11. 功率表、功率因数表指示不准

故障可能原因：

（1）电压线圈相位接错；

（2）电压互感器未按规定电压比连接；

（3）电流线圈相位接错。

检修方法：

（1）对照功率表或功率因数表接线图重新纠正电压线圈的相位接法。

（2）检查电表，按规定电压比使互感器与电表连接。

（3）电流线圈要按相位顺序接入电表，才能准确计量，故此，要严格按照正确接线方法重新连接电流线圈。

六、电工操作技巧

1. 弯曲多的铁管穿电线简法

电线穿入铁管时，常因铁管拐弯多使铁丝难以穿过。这时可找一个比管径小些的螺帽，把棉线拴在上面，把螺帽放入管子里，利用重力使它在管内向下滑动（操作时应适当调整管子的位置），经过几个弯就可把棉线从下面管口带出来，再通过棉线把铁丝带进管子里，就能顺利穿电线了。

2. 手电钻碳刷的应急代换

小型手电钻的碳刷是易磨损件，磨损严重时碳刷与转子之间会严重打火，需更换新碳刷。如果一时没有合适碳刷，可以用2号废旧电池的碳棒按原碳刷尺寸磨好代用。

3. 用交流接触器电磁铁改制小型电源变压器

利用废旧交流接触器的电磁铁略加改制可成为一个小型电源变压器。改制时，用线圈上所标的额定电压除以线圈上所标的绕线匝数，得出每伏应绕的匝数。再用每伏应绕的匝数乘上你所需要的电源变压器的初级电压，得出应保留在线圈上的匝数，然后拆掉多余部分。再按每伏应绕匝数乘上你所需要的次级电压，得出次级线圈应绕匝数。可把拆下的漆包线合成数股（根据次级电流要求），用它制成次级线圈，用绝缘纸包好，装在铁芯上，固定好即成电源变压器。例如GJ 10—20交流接触器所标的额定电压为380V，匝数为5660匝，可计算出每伏应绕匝数约为15匝。若电源变压器初级电压为220V时，应保留圈数3300匝，次级电压为6V时，应绕90匝。

4. 低压试电笔的几种特殊用法

低压试电笔（指一般测220V的试电笔）除能测量物体是否带电外，还能帮助人做一些其他的测量：

（1）判断感应电。用一般试电笔测量较长的三相线路时，即使三相交流电源缺一相，也很难判断出是哪一根电源线缺相，原因是线路较长，并行的线与线之间有线间电容存在，使得缺相的某根导线产生感应电，致使试电笔氖管仍会发亮。此时，可在试电笔的氖管上并接一只1500pF的小电容（耐压应取大于250V），这样在测带电线路时，电笔可照常发光；如果测得的是感应电，电笔就不亮或微亮，据此可判断出所测得电源是否为感应电。

（2）判别交流电源同相或异相。两只手各持一支试电笔，站在绝缘物体上，把两支笔同时触及待测的两条导线，如果两支试电笔的氖管均不太亮，则表明两条导线是同相电，若两支试电笔的氖管发出很亮的光，说明两条导线是异相。

（3）区别交流电和直流电。交流电通过试电笔时，氖管中两级会同时发亮，而直流电通过时，氖管里只有一个极发亮。

(4) 判别直流电的正负极。把试电笔跨接在直流电的正、负极之间，氖管发亮的一头是负极，不发亮的一头是正极。

(5) 用试电笔测知直流电是否接地并判断是正极还是负极接地。在要求对地绝缘的直流装置中，人站在地上用试电笔接触直流电，如果氖管发亮，说明直流电存在接地现象；若氖管不发亮，则不存在直流电接地。当试电笔尖端的一极发亮时，是说明正极接地，若手握笔端的一极发亮，则是负极接地。

(6) 作为零线监视器。把试电笔一头与零线相连接，另一头与地线相连接，如果零线断路，氖管即发亮。

(7) 判断物体是否产生有静电。手持试电笔在某物体周围寻测如氖管发亮，证明该物体上已带有静电。

(8) 粗估电压。自己经常使用的试电笔，可根据测电时氖管发光的强弱程度粗略估计电压高低，电压越高，氖管越亮。

(9) 判断电气接触是否良好。若氖管光源闪烁，表明为某线头松动，接触不良或电压不稳定。

5. 根据电表误差级别计算测量误差

通常在电流表、电压表和功率表等电工测量仪表面板上可以见到 1.0 或 2.5 等字样，这个数字是表示电表级别的。电表的级别是指电表可能产生的误差占满刻度数值的百分之几。例如，用满刻度 10A 的 1.0 级电流表测量电流时，可能产生的误差为 $10\times0.1\%=0.1A$，也就是说，用它来量 10A 的电流时，指针可能指在 $10-0.1=9.9A$ 或 $10+0.1=10.1A$，但用它来测量 1A 电流时，0.1 安培要占 1 安培的十分之一，误差是被测量的十分之一，因此不要用大量程的表来测量小的数值。同样道理，满刻度 10A 的 2.5 级电流表可能产生的误差是 $10\times2.5\%=0.25A$。

6. 电动机绕组改绕计算

在修理电动机时，更换定子绕组一时配不到合适的漆包线，可用两根漆包线并绕来代替，这种方法简便易行，现举例说明。

有一台 JQ 51—4 型三相异步电动机，导线直径为 $\phi1.35mm$，线圈匝数为 29 匝，用什么规格的漆包线代用呢？

1.35mm 的漆包线截面积为 1.431mm^2，若用两根并绕在电动机绕组中，可选用直径 0.96mm 的漆包线，它的截面积为 0.724mm^2 × 2 = 1.448mm^2，可以代用。

7. 焊接铝线的方法

(1) 气焊：

气焊方法简便，能可靠地焊接导体接头，特别是对铝与铝，铝与铜的连接具有加热均匀，焊接速度快，焊接牢固等优点。

用 3# 氧气焊枪可焊单根或双根电线，采用 1# 火嘴 2# 焊枪，火嘴一般可焊接多股电线。在焊接前将电线表皮及氧化膜刮净，然后将铝焊粉加水调成糊状用毛笔敷在铝线表面上，并用氧气焊枪将其烧成一个圆球。如果需要铜与铝接头进行连接时，将其与铝线圆球对好，进行焊接，当铝线熔化并与引出线连为一体后停止焊接，用湿布将焊头擦净，最后进行绝缘处理。焊接时温度要适当，单股电线要用炭化火焰，多股线用中性火焰。铝线在去掉氧化膜后不应时间过长，以免二次氧化。铝线相互连接时需使其多根电线互相绕在一起，然后剪齐再焊，最后将剪齐处烧成圆球为好。另外，焊接时要一手拿焊枪一手拿引出线，焊接时手不要晃动。

(2) 锡焊：

锡焊是目前电工采用最为普通的一种焊接技术，它具有方法简便，不要特殊工具设备和焊料等优点。铝线与铜线连接时，首先把所有焊接的导线头刮净，然后用铜线紧紧地绞扭在铝线上并将其包严，涂抹松香水，即可在烧好的锡锅里浸焊，浸焊完后迅速用湿布把浸焊处擦净，即可增加它的光洁度。多股铜线与漆包铜线焊接，铜线与铜接线的焊接与上面介绍的方法相同。在焊接导线时，不要用焊锡膏，最好用松香。

(3) 碳精熔焊：

碳精熔焊是利用接触熔焊产生高温，将铝线熔化进行焊接。它的原理是由一台变压器将焊接电压调到一定范围内，对不同导线截面进行不同的电压调整，以适应接触点熔焊焊接的目的。焊接前将铝线氧化膜去掉，进行绞绕后，端部剪齐，并涂上铝焊粉，然后将焊接变压器次级电压调为6V左右试焊，使两碳精接触导电，待接触面的碳精烧得炽热发亮时，接近需要焊接的接头，熔化面成为铝小球时，焊接完毕。

8. 判别电动机三相绕组头尾

有时三相电动机引也的六根接线头分不清各相绕组的头尾，可利用万用表来加以辨别。

首先用万用表电阻档测量出电动机六个接头中哪两个为同一相，然后将万用表的直流毫安档放到最小一档，并将表笔接到三相线圈中某一相的两端，再将干电池的正负极接到另一相的两个线端上，若万用表指示电流为正值，则把电池负极所接的线端与万用表正极表笔所接的线端定为同极性（均可认定为头）。以此类推，便可方便地找出另外两相的头和尾。

另外，若手头没有干电池，则可在判断在三个绕组以后，从每个绕组中任取一根引线并接在一起（共三根），而剩下的另外三根引线也并在一起，分别接到万用表的两个表笔上，把万用表拨到直流最小毫安档上，用手转动电动机转子，若三相绕组头尾并接正确，则三相绕组感生电动势平衡，两表笔间不产生电流或电流很小，相反，若万用表指示电流较大，则说明三相绕组头尾并接错误，应对调其中一相绕组头尾重试，直至万用表指示无电流。

附录1 500V铝芯绝缘导线长期连续负荷允许载流量表

导线截面(mm)	线芯结构			导线明敷设时，允许负荷电源(A)				橡皮绝缘导线多根同穿在一根管内时，允许负荷电流（A）												塑料绝缘导线多根同穿在一根管内时，允许负荷电流（A）											
	股数	单芯直径(mm)	成品外径(mm)	25℃		30℃		25℃						30℃						25℃						30℃					
				橡皮	塑料	橡皮	塑料	穿金属管根数			穿塑料管根数			穿金属管根数			穿塑料管根数			穿金属管根数			穿塑料管根数			穿金属管根数			穿塑料管根数		
								2	3	4	2	3	4	2	3	4	2	3	4	2	3	4	2	3	4	2	3	4	2	3	4
2.5	1	1.76	5.0	27	25	25	23	21	19	16	19	17	15	20	18	15	18	16	14	20	18	15	18	16	14	19	17	14	17	16	13
4	1	2.24	5.5	35	32	33	30	28	25	23	25	23	20	26	23	22	23	22	19	27	24	22	24	22	19	25	22	21	27	24	20
6	1	2.73	6.2	45	42	42	39	37	34	30	33	29	26	35	32	28	31	27	24	35	32	28	31	37	25	33	30	26	22	28	24
10	7	1.33	7.8	65	59	61	55	52	46	40	44	40	35	49	43	37	41	38	33	49	44	38	42	38	33	46	41	36	39	38	34
16	7	1.68	8.8	85	80	80	75	66	59	52	58	52	46	62	55	49	54	45	43	63	56	50	55	49	44	59	52	47	51	49	44
25	7	2.11	10.6	110	105	103	98	86	76	68	77	68	60	80	71	64	72	64	56	80	70	65	73	65	57	75	65	61	68	61	57
35	7	2.49	11.8	138	130	129	122	106	94	83	95	84	74	99	89	78	89	79	69	100	90	80	90	80	70	94	84	75	84	79	70
50	19	1.81	13.8	175	165	164	154	138	118	105	120	108	95	124	110	89	112	101	89	125	110	100	114	102	90	117	103	94	107	96	88
70	19	2.14	16.0	220	205	206	192	165	150	133	153	135	120	154	140	124	143	126	120	155	134	127	145	130	115	143	134	110	136	125	111
95	19	2.49	18.3	265	250	248	234	200	180	160	184	165	150	187	168	150	172	154	140	190	170	152	175	158	140	178	159	142	164	149	183
120	37	2.01	20.0	310	—	290	—	230	210	190	210	190	170	215	197	178	197	178	159	—	—	—	—	—	—	—	—	—	—	—	—
150	37	2.24	22.0	360	—	337	—	260	240	220	250	227	205	243	224	206	234	212	192	—	—	—	—	—	—	—	—	—	—	—	—

注：导电线芯最高允许工作温度+65℃。

附录 2　500V 铜芯绝缘导线长期连续负荷允许载流量表

导线截面(mm)	线芯结构			导线明敷设时，允许负荷电源(A)				橡皮绝缘导线多根同穿在一根管内时，允许负荷电流（A）												塑料绝缘导线多根同穿在一根管内时，允许负荷电流（A）											
	股数	单芯直径(mm)	成品外径(mm)	25℃		30℃		25℃						30℃						25℃						30℃					
				橡皮	塑料	橡皮	塑料	穿金属管根数			穿塑料管根数			穿金属管根数			穿塑料管根数			穿金属管根数			穿塑料管根数			穿金属管根数			穿塑料管根数		
								2	3	4	2	3	4	2	3	4	2	3	4	2	3	4	2	3	4	2	3	4	2	3	4
1.0	1	1.13	4.4	21	10	20	18	15	14	12	13	12	11	14	13	11	12	11	10	14	13	11	2	11	10	13	12	10	11	10	9
1.5	1	1.37	4.6	27	24	25	22	20	18	17	17	16	14	19	17	16	16	15	13	19	17	16	16	15	13	18	16	15	15	14	12
2.5	1	1.76	5.0	3	32	33	30	28	25	26	25	22	20	26	23	22	23	21	15	26	24	22	24	21	19	24	22	21	22	19	18
4	1	2.24	5.5	45	42	42	39	37	33	30	33	30	26	35	31	23	31	28	24	35	31	28	31	28	25	33	30	26	29	26	23
6	1	2.73	6.2	58	55	54	51	49	43	39	43	38	24	46	40	36	46	36	32	47	41	37	41	36	32	44	38	35	38	34	30
10	7	1.33	7.8	85	75	80	70	68	60	59	59	52	46	64	56	50	55	49	43	65	57	50	56	49	44	61	53	47	52	46	41
16	7	1.68	8.8	110	105	103	96	86	77	69	76	68	60	80	72	65	71	64	56	82	73	65	72	65	57	77	68	61	67	61	53
25	19	1.28	10.6	145	168	136	129	118	100	90	100	90	80	106	94	84	94	84	75	107	95	85	95	85	75	100	89	80	89	80	70
35	19	1.51	11.8	180	170	168	159	140	122	110	125	110	98	131	114	193	117	103	92	133	115	105	120	105	98	121	108	98	112	98	87
50	19	1.81	13.8	230	215	215	201	175	154	137	160	140	123	164	144	158	150	131	115	165	146	130	150	132	117	154	137	122	140	123	109
70	49	1.33	17.3	285	265	267	248	215	196	173	195	175	155	201	181	162	182	164	145	225	183	165	185	167	148	194	171	154	173	156	138
95	84	1.20	20.8	345	325	323	304	250	225	210	24	215	195	243	220	197	324	201	182	250	225	200	230	205	185	234	210	187	215	192	178
120	33	1.08	21.7	400	—	374		300	270	245	278	250	227	280	252	229	260	234	212	—	—	—	—	—	—	—	—	—	—	—	—
150	37	2.24	23.0	470	—	439		340	310	280	320	290	265	318	290	362	299	271	248	—	—	—	—	—	—	—	—	—	—	—	—
185	37	2.49	24.2	540	—	505		—	—	—	—	—	—	—	—	—	—	—	—	—	—	—	—	—	—	—	—	—	—	—	—
240	62	2.21	27.2	660	—	617		—	—	—	—	—	—	—	—	—	—	—	—	—	—	—	—	—	—	—	—	—	—	—	—

注：导电线芯最高允许工作温度 + 65℃。

附录3 橡皮绝缘电力电缆载流量表

$\theta_0 = 65℃$，$\theta_0 = 25℃$

主线芯数×截面（mm^2）	中性线芯截面（mm^2）	空气中敷设				直埋地 $P_t = 80C$ cm/W			
		铝芯		铜芯		铝芯		铜芯	
		XLV	XLF XLHF XLQ XIQ_{20}	XV	XF XHF XQ XIQ_{20}	XV	XLQ_2	XV_{29}	XQ_2
3×1.5	1.5			13	19			24	25
3×2.5		19	21	24	25			32	33
3×4	2.5	25	27	32	34	33	34	41	43
3×6	4	32	35	40	44	41	43	52	54
3×10	6	45	48	57	60	56	58	71	74
3×16	6	59	64	76	81	72	76	93	99
3×25	10	79	85	101	107	94	99	120	126
3×35	10	97	104	124	131	113	119	145	151
3×50	16	124	133	158	170	140	148	178	188
3×70	25	150	161	191	205	168	176	213	224
3×95	35	184	197	234	251	200	210	255	267
3×120	35	212	227	269	289	225	238	286	302
3×150	50	245	263	311	337	257	270	326	342
3×185	50	284	303	359	388	289	300	365	385

注：1. 表中数据为三芯电缆的载流量值，四芯电缆载流量可借用三芯电缆的截流量值。

2. XLQ、XLQ_{20}型电缆最小规格为3×4+1×2.5。

3. 主线芯为2.5mm^2的铝芯电缆，其中性线截面仍为2.5mm^2。

主线芯为2.5mm^2的铜芯电缆，其中性线截面仍为1.5mm^2。

附录 4　聚氯乙烯绝缘聚氯乙烯护套电力电缆长期连续负荷允许载流量表

截面 (mm²)	1～3kV 聚氯乙烯绝缘聚氯乙烯护套电力电缆长期连续允许载流量								1～3kV 聚氯乙烯绝缘聚氯乙烯护套铠装芯电力电缆长期连续允许载流量							
	空气中敷设								直埋地中敷设							
	铝芯				铜芯				土壤热阻系数 $\rho_t = 80$ (℃.cm/W)				土壤热阻系数 $\rho_t = 120$ (℃.cm/W)			
	一芯	二芯	三芯	四芯	一芯	二芯	三芯	四芯	一芯	二芯	三芯	四芯	一芯	二芯	三芯	四芯
4	31	26	22	22	41	35	29	29	—	35	30	29	—	32	27	26
6	41	34	29	29	54	44	38	38	—	43	38	37	—	40	34	34
10	55	46	40	40	72	60	52	52	75	56	51	50	69	52	46	45
16	74	61	53	53	97	79	69	69	99	76	67	65	91	70	60	59
25	102	83	72	72	132	107	93	93	131	100	88	85	119	91	79	77
35	124	95	87	87	162	124	113	113	160	121	107	110	145	108	94	97
50	157	120	108	108	204	155	140	140	197	147	133	135	177	132	116	118
70	195	151	135	135	253	196	175	175	241	180	162	162	216	160	142	142
95	230	182	165	165	300	238	214	214	287	214	190	196	256	191	166	171
120	276	211	191	191	356	273	247	247	331	247	218	223	294	219	190	194
150	316	242	225	225	410	315	293	293	376	277	248	252	334	246	216	218
185	358	—	257	257	465	—	332	332	422	—	279	284	374	—	242	246
240	425	—	306	306	552	—	396	396	492	—	324	—	436	—	295	—
300	490	—	—	—	636	—	—	—	551	—	—	—	488	—	—	—
400	589	—	—	—	757	—	—	—	656	—	—	—	580	—	—	—
500	680	—	—	—	886	—	—	—	745	—	—	—	658	—	—	—
625	787	—	—	—	1025	—	—	—	847	—	—	—	748	—	—	—
800	934	—	—	—	1338	—	—	—	990	—	—	—	868	—	—	—

注：缆芯最高工作温度为 +65℃，裸导线 +70℃，周围环境温度为 +25℃。

附录 5　负荷线和开关电器选择表

电动机				选用熔断器				铁壳开关	QC8	QC10	QC12	自动开关		BLX/BLV 导线截面（mm²）钢管直径（mm）		
型号 Y	功率（kW）	额定电流（A）	起动电流（A）	RL1	RM10	RT10	RT0	HH 额定电流（A）	磁力起动器等级 热元件额定电流（A）			型号	脱扣器整定电流（A）	20℃	30℃	35℃
				熔管电流/熔体电流（A）												
1	2	3	4	5	6	7	8	9	10	11	12			13	14	15
801－4	0.55	1.6	10	15/4	15/6	20/6	50/10	15/5	2/6 2.4	2/6 2.4	2/H 2.4	DZ5－20/330	2	2.5 G15	2.5 G15	2.5 G15
801－2	0.75	1.9	13	15/5				15/10					3			
802－4		2.1	14													
90S－6		2.3	14			20/10										
802－2	1.1	2.6	18	15/6					2/6 3.5	2/6 3.5	2/H 3.5					
90S－4		2.7	18													
90L－6		3.2	19	15/10									4.5			
90S－2	1.5	3.4	24		15/10	20/15										
90L－4		3.7	24						2/6 5	2/6 5	2/H 5					
100L－6		4.0	24													
90L－2	2.2	4.7	33	15/15	15/15		50/15						6.5			
110L1		5.0	35	60/20		20/20		15/15								
112M－6		5.6	34	15/15					2/6 7.2	2/6 7.2	2/H 7.2					
132S－8		5.8	32													
100L－2	3.0	6.4	45	60/20	60/20	20/20	15/20	15/15	2/6 7.2	2/6 7.2	2/H 7.2	DS5－50/330	10			
100L2－4		6.8	43			30/25										
132S－6		7.2	47													
132M－8		7.7	43						2/6 11	2/6 11	2/H 11					
112M－2	4.0	8.2	57	60/30	60/25			30/20								
112M－4		8.8	62				50/30									
132M1－6		9.4	61				50/20						15			
160M1－8		9.9	59													

续表

电动机				选用熔断器				铁壳开关	QC8	QC10	QC12	自动开关		BLX BLV导线截面（mm^2）钢管直径（mm）		
型号 Y	功率（kW）	额定电流（A）	起动电流（A）	RL1	RM10	RT10	RT0	HH	磁力起动器等级			型号	脱扣器整定电流（A）	20℃	30℃	35℃
				熔管电流/熔体电流（A）				额定电流（A）	热元件额定电流（A）							
1	2	3	4	5	6	7	8	9	10	11	12			13	14	15
132S1 – 2	5.5	11	73	60/35	60/35	30/30	50/30	30/25	3/6 11	3/6 11	3/H 11		15			
132S – 4		12	81													
132M2 – 6		13	82						3/6 16	3/6 16	3/H 16	DS5 – 50/330				2.5 G15
160M2 – 8		13	80											2.5 G15	2.5 G15	
132S2 – 2	7.5	15	105	60/50	60/45	60/45	30/30	30/30					20			
132M – 4		15	108													
160M – 6		17	111	60/40					3/6 24	3/6 24	4/H 22	DZ5 – 50/330				4 G20
160L – 3		18	97													
160M1 – 2		22	153			60/50	50/50	60/40	4/6 24	4/6 24	3/H 24		25		4 G20	
160M – 4		23	158											4 G20		
160L – 6	11	25	160										30			
180L – 8		25	151													6 G20
160L2 – 2		29	206		100/80	60/60	100/60	60/60	4/6 33	4/6 33	4/H 32				6 G20	
160L – 4		30	212	100/80										6 G20		
180L – 6	15	32	205									DS5 – 50/330	40			
200L – 8		34	205													10 G25
160L – 2		36	249		100/80	100/80	100/80	100/80	4/6 45	4/6 45	4/H 45				10 25G	
180M – 4		36	251											10 G25		
200L1 – 6	18.5	38	245													
225S – 8		41	248													
180M – 2		42	295	100/100					5/6 57	5/6 50	5/H 45		50		16 G32	16 G32
180L – 4	22	43	298											16 G32		
200L2 – 6		45	290													

续表

电动机				选用熔断器				铁壳开关	QC8	QC10	QC12	自动开关		BLX BLV 导线截面（mm²）钢管直径（mm）		
型号	功率（kW）	额定电流（A）	起动电流（A）	RL1	RM10	RT10	RT0	HH	磁力起动器等级			型号	脱扣器整定电流（A）	20℃	30℃	35℃
Y				熔管电流/熔体电流（A）				额定电流（A）	热元件额定电流（A）							
1	2	3	4	5	6	7	8	9	10	11	12			13	14	15
225M－8	22	48	286	100/100	100/80	100/80	100/80	100/80	5/6 86	5/6 50	5/H 63	DZ10 100/330	60	16 G32	16 G32	16 G32
200L1－2	30	57	398		100/125	100/100	100/100	200/100	5/6 86	5/6 72			80		25 G32	25 G32
200L－4		57	398													
225M－6		60	387													
250M－8		63	378						6/H 86	6/6 72	6/H 85			25 G32		
200L2－2	37	70	489		200/160		200/120	200/120								35 G40
225S－4		7	489												35 G40	
250M－6		72	468							6/6 100			100	35 G40		
280S－8		79	472													
225M－2	45	84	537				200/150	200/150								50 G50
225M－4		84	589													
280S－6		85	555								6/H 120	DZ10 250/330	120		50 G50	
280M－8		93	559						6/6 125					50 G50		
315M2－10		98	637		200/200		200/200	200/200								
250M－2	55	103	719						7/6 125	7/6 110	6/H 120		120			70 G50
250M－4		103	718													
280M－6		105	682												70 G50	
315S－8		109	709							7/6 150			140			
315M2－10		120	780								7/H 160			70/ G50		
280S－2	75	140	981		350/225		400/250	300/250	7/6 176							95 G70
280S－4		140	978										160			
315S－6		142	923												95 G70	
315M1－8		148	962													
315M3－10		160	1040		350/260				7/5 176		7/K 200		200	95 G70		120 G70

附录6　导线穿钢管的标称直径选择表

导线穿有缝钢管的标称直径选择表

导线标称截面 (mm^2)	导线根数								
	2	3	4	5	6	7	8	9	10
	有缝钢管的最小标称直径（mm）								
1	10	10	10	15	15	20	20	25	25
1.5	10	15	15	20	20	20	25	25	25
2	10	15	15	20	20	25	25	25	25
2.5	15	15	15	20	20	25	25	25	25
3	15	15	20	20	20	25	25	32	32
4	15	20	20	20	25	25	25	32	32
5	15	20	20	20	25	25	32	32	32
6	20	20	20	25	25	25	32	32	32
8	20	20	20	25	32	32	32	32	40
10	20	25	25	32	32	40	40	50	50
16	25	25	25	32	40	50	50	50	50
20	25	32	32	40	50	50	50	70	70
25	32	32	40	40	50	50	70	70	70
35	32	40	50	50	50	70	70	70	80
50	40	50	50	70	70	70	80	80	80
70	50	50	70	70	80	80	—	—	—
95	50	70	70	80	80	—	—	—	—
120	70	70	80	80	—	—	—	—	—
150	70	70	80	—	—	—	—	—	—
185	70	80	—	—	—	—	—	—	—

注：电线穿聚氯乙烯（PVC）硬管，当标称直径为内径时可按此表直接选择（这种管没有标称70—档，遇70可选用65）；但有的制造厂标称按外径，则按附录13选择。

附录7　导线穿电线管的标称直径选择表

导线穿电线管的标称直径选择表

导线标称截面（mm^2）	导线根数								
	2	3	4	5	6	7	8	9	10
	电线管的最小标称直径（mm）								
1	12	15	15	20	20	25	25	25	25
1.5	12	15	20	20	25	25	25	25	25
2	15	15	20	20	25	25	25	25	25
2.5	15	15	20	25	25	25	25	25	32
3	15	15	20	25	25	25	25	32	32
4	15	20	25	25	25	25	32	32	32
5	15	20	25	25	25	25	32	32	32
6	15	20	25	25	25	32	32	32	32
8	20	25	25	32	32	32	40	40	40
10	25	25	32	32	40	40	40	50	50
16	25	32	32	40	40	50	50	50	70
20	25	32	40	40	50	50	50	70	70
25	32	40	40	50	50	70	70	70	70
35	32	40	50	50	70	70	70	70	80
50	40	50	70	70	70	70	80	80	80
70	50	50	70	70	80	80	80	—	—
95	50	70	70	80	80	—	—	—	—
120	70	70	80	80	—	—	—	—	—

附录8　按环境选择导线、电缆及其敷设方式

环境特征	线路敷设方式	常用导线、电缆型号
正常干燥环境	1. 绝缘线瓷珠、瓷夹板或铝皮卡子明配线	BBLX, BLV, BLVV
	2. 绝缘线、裸线瓷瓶明配线	BBLX, BLV, LJ, LMY
	3. 绝缘线穿管明敷或暗敷	BBLX, BLV
	4. 电缆明敷或放在沟中	ZLL, ZLL_{11}, VLV, YJV, XLV, ZLQ
潮湿和特别潮湿的环境	1. 绝缘线瓷瓶明配线（敷设高>3.5m）	BBLX, BLV
	2. 绝缘线穿塑料管、钢管明敷或暗敷	BBLX, BLV
	3. 电缆明敷	ZLL_{11}, VLV, YJV, XLV

续表

环境特征	线路敷设方式	常用导线、电缆型号
多尘环境(不包括火灾及爆炸危险尘埃)	1. 绝缘线瓷珠、瓷瓶明配线 2. 绝缘线穿钢管明敷或暗敷 3. 电缆明敷或放在沟中	BBLX, BLV, BLVV BBLX, BLV ZLL, ZLL_{11}, VLV, YJV, XLV, ZLQ
有腐蚀性的环境	1. 塑料线瓷球、瓷瓶明配线 2. 绝缘线穿塑料管明敷或暗敷 3. 电缆明敷	BLV, BLVV BBLX, BLV, BV VLV, YJV, ZLL_{11}, XLV
有火灾危险的环境	1. 绝缘线瓷瓶明配线 2. 绝缘线穿钢管明敷或暗敷 3. 电缆明敷或放在沟中	BBLX, BLV BBLX, BLV ZLL, ZLQ, VLV, YJV, XLV, XLHF
有爆炸危险的环境	1. 绝缘线穿钢管明敷或暗敷 2. 电缆明敷	BBX, BV ZL_{120}, ZQ_{20}, VV_{20}
户外配线	1. 绝缘线、裸线瓷瓶明配线 2. 绝缘线钢管明敷(沿外墙) 3. 电缆埋地	BLXF, BLV, LJ BLXF, BBLX, BLV NLL_{11}, ZLQ_2, VLV, VLV_{22}, YJV, YJV_{23}

附录9 常用低压熔丝规格及技术数据

青铅合金丝

直径(mm)	近似英规线号	额定电流(A)	熔断电流(A)	直径(mm)	近似英规线号	额定电流(A)	熔断电流(A)
0.08	44	0.25	0.34	0.54	24	2.25	4.5
0.15	38	0.5	0.64	0.58	23	2.5	5.5
0.20	36	0.75	0.92	0.65	22	3	6.5
0.22	35	0.8	1.06	0.94	20	5	9.4
0.28	32	1	1.52	1.16	19	6	12
0.29	31	1.05	1.72	1.26	18	8	14.5
0.36	28	1.25	2.5	1.51	17	10	18.4
0.40	27	1.5	3.3	1.66	16	11	22
0.46	26	1.85	3.7	1.75	15	12.5	25
0.50	25	2	4.1	1.98	14	15	30

续表

直径(mm)	近似英规线号	额定电流(A)	熔断电流(A)	直径(mm)	近似英规线号	额定电流(A)	熔断电流(A)
2.38	13	20	35	4.12	8	45	90
2.78	12	25	47	4.44	7	50	100
3.14	10	30	62	4.91	6	60	120
3.81	9	40	75	6.24	4	70	160

铅锡合金丝

直径(mm)	近似英规线号	额定电流(A)	熔断电流(A)	直径(mm)	近似英规线号	额定电流(A)	熔断电流(A)
0.508	25	2	3.0	1.63	16	11	16.0
0.559	24	2.3	3.5	1.83	15	13	19.0
0.61	23	2.6	4.0	2.03	14	15	22.0
0.71	22	3.3	5.0	2.24	13	18	27.0
0.813	21	4.1	6.0	2.65	12	22	32.0
0.915	20	4.8	7.0	2.95	11	26	37.0
1.22	18	7	10.0	3.26	10	30	44.0

铜丝

直径(mm)	近似英规线号	额定电流(A)	熔断电流(A)	直径(mm)	近似英规线号	额定电流(A)	熔断电流(A)
0.234	34	4.7	9.4	0.70	22	25	50
0.254	33	5.0	10.0	0.80	21	29	58
0.274	32	5.5	11.0	0.90	20	37	74
0.295	31	6.1	12.2	1.00	19	44	88
0.315	30	6.9	13.8	1.13	18	52	104
0.345	29	8.0	16.0	1.37	17	63	125
0.376	28	9.2	18.4	1.60	16	80	160
0.417	27	11.0	22.0	1.76	15	95	190
0.457	26	12.5	25.0	2.00	14	120	240
0.508	25	15.0	29.4	2.24	13	140	280
0.559	24	17.0	34.0	2.50	12	170	340
0.60	23	20.0	39.0	2.73	11	200	400